Sanjaykumar Gowre

Fibra de cristal fotónico monomodo com dispersão achatada e sem fim

Sanjaykumar Gowre

Fibra de cristal fotónico monomodo com dispersão achatada e sem fim

ScienciaScripts

Cover image: www.ingimage.com

This book is a translation from the original published under ISBN 978-620-2-06510-8.

Publisher:
Sciencia Scripts
is a trademark of
Dodo Books Indian Ocean Ltd. and OmniScriptum S.R.L publishing group

120 High Road, East Finchley, London, N2 9ED, United Kingdom
Str. Armeneasca 28/1, office 1, Chisinau MD-2012, Republic of Moldova, Europe
Printed at: see last page
ISBN: 978-620-7-84524-8

Índice

Agradecimentos

J C Biswas, sob cuja supervisão e orientação este trabalho foi efectuado. Teria sido impossível realizar este trabalho de projeto com confiança, sem o seu envolvimento de todo o coração, os seus conselhos, o seu apoio e o seu encorajamento constante ao longo de todo o processo.

Estou grato ao Exmo. Presidente Shri Eshwar B Khandre, à Sociedade SVE e ao Diretor, REC Bhalki, por me terem destacado para o IIT, Kharagpur, no âmbito do Programa de Melhoria da Qualidade. Estou igualmente grato a todos os meus colegas do Departamento de Engenharia E & C, REC Bhalki, pela sua ajuda e por partilharem a minha carga de trabalho durante a minha ausência.

Quero também expressar os meus sinceros agradecimentos ao investigador Prasant Kumar Sahu e ao Comandante de Ala S P Bhandare pela sua ajuda, sem a qual não é possível concluir este curso. Gostaria também de agradecer a todos os funcionários e colegas do departamento de E & ECE, IIT Kharagpur. São muito simpáticos e generosos.

Estou grato à minha mulher e aos meus ângulos Soumya Gowre e Shreya Gowre pela sua paciência durante dois anos.

Por último, estou grato aos meus pais C R Gowre e J C Gowre e dedico-lhes esta tese.

Local: Kharagpur

(SanjayKumar C Gowre)

Data:

Resumo

Uma fibra de cristal fotónico com distribuições periódicas do índice de refração é investigada para fins de comunicação ótica. A fibra de cristal fotónico 2D é concebida através de um método de modelização simples que não requer cálculos pesados, como o método dos elementos finitos (MEF) ou o método das diferenças finitas no domínio do tempo (FDTD).

A conceção de fibras de cristal fotónico 2D com distribuições aleatórias de orifícios de ar é realizada com o objetivo de obter uma propriedade de orientação monomodo e uma dispersão cromática invulgar. A primeira é uma caraterística única da fibra de cristal fotónico com uma disposição periódica dos orifícios de ar e a segunda é utilizada para uma série de aplicações, desde militares a espetroscopia e maquinagem industrial, para além da comunicação ótica.

Uma vez que o valor de d/n é pequeno para realizar a dispersão achatada, são necessários mais de 20 anéis de orifícios de ar na região de revestimento para reduzir significativamente a perda de confinamento. Concebemos a fibra de cristal fotónico com dispersão cromática achatada numa vasta gama de comprimentos de onda de 900 nm a 1800 nm, tendo em consideração d1, d2 e o passo.

Capítulo 1

1.1 Introdução

As fibras ópticas têm muitas aplicações importantes, nomeadamente em sistemas de comunicação, sensores, instrumentação médica e muitos tipos de componentes ópticos. Durante as últimas três décadas, foi dedicado um grande esforço ao desenvolvimento de novos tipos de fibras ópticas com o objetivo de melhorar o desempenho e reduzir o custo das fibras nestas aplicações.

Uma fibra de cristal fotónico (PCF) é um dos mais recentes avanços na tecnologia de fibra ótica que tem atraído um interesse considerável de muitos investigadores em todo o mundo. Uma caraterística importante de uma fibra de cristais fotónicos é que pode ser feita de um único material, ao contrário de todos os outros tipos de fibras ópticas, que são fabricadas com dois ou mais materiais. Desde a introdução das fibras de cristais fotónicos, foram lançados grandes esforços de investigação e desenvolvimento para investigar as suas propriedades de transmissão, explorar novas aplicações para as mesmas, aperfeiçoar o fabrico e a produção destas fibras e torná-las rentáveis. Devido à sua estrutura inovadora e às suas propriedades únicas que não podem ser obtidas com as fibras de índice escalonado convencionais, as fibras de cristal fotónico continuam a ser uma área de investigação ativa num futuro próximo. As fibras de cristal fotónico têm sido estudadas teórica e experimentalmente. Embora muitas propriedades importantes das fibras de cristal fotónico tenham sido estudadas nos últimos anos, os investigadores continuam a explorar formas de melhor compreensão e a desenvolver melhores ferramentas para a análise e conceção destas fibras.

As fibras de cristais fotónicos podem assumir diferentes geometrias, dependendo das aplicações pretendidas. Um tipo bem conhecido de fibra de cristal fotónico consiste numa região de núcleo sólido e numa região de revestimento com orifícios de ar ao longo do eixo da fibra numa disposição hexagonal periódica. Os orifícios de ar estão localizados no centro e nos seis cantos de cada hexágono. Em termos estritos, a fibra de cristal fotónico não tem uma fronteira clara entre as regiões do núcleo e do revestimento. No entanto, a parte central das fibras de cristal fotónico pode ser considerada como a região do núcleo. Nestas estruturas, a camada de revestimento pode ser vista como um meio com um índice de refração médio inferior ao da região central. A propagação da luz neste tipo de fibras de cristal fotónico deve-se principalmente ao efeito da diferença de índice.

A fibra de cristal fotónico que funciona com base no efeito de diferença de índice também pode ser fabricada desenhando uma haste de sílica sólida rodeada por vários anéis de tubos de vidro. Outro tipo de fibra de cristal fotónico tem um orifício de ar na região central, no qual se acredita que a orientação da luz se deve principalmente ao efeito de bandgap fotónico. Foi também fabricada uma fibra de cristal fotónico com um índice de núcleo mais elevado, em que o núcleo é feito de vidro dopado. No Capítulo 2, é apresentada uma pesquisa bibliográfica sobre vários tipos de fibras de cristal fotónico. Além disso, serão abordados os antecedentes das estruturas de cristal fotónico, que deram origem às fibras de cristal fotónico.

No Capítulo 3, é abordado o método de orientação na fibra de cristal fotónico, as técnicas de fabrico e as diferentes técnicas de modelização utilizadas para a análise da fibra de cristal fotónico.

O Capítulo 4 trata do método utilizado para conceber a fibra de cristal fotónico que pode ser utilizada em regime monomodo para qualquer comprimento de onda. Além disso, tem uma dispersão achatada numa vasta gama de comprimentos de onda de funcionamento.

Por último, o Capítulo 5 resume as conclusões deste trabalho e indica as direcções para a investigação futura.

Capítulo 2

Informação de base e pesquisa bibliográfica

2.1 Introdução

Desde a invenção da fibra de cristal fotónico em meados dos anos 90, este novo tipo de fibra ótica tem suscitado grande interesse nas comunidades da ótica e das comunicações nos últimos anos. Basicamente, as fibras de cristal fotónico são guias de ondas ópticas com microestruturas periódicas bidimensionais. Se numa fibra ótica existirem orifícios de ar uniformes e idênticos com algum tipo de disposição periódica ao longo da direção de propagação da onda, essa fibra é designada por **fibra de cristal fotónico** (PCF). Por outro lado, alguns investigadores sugeriram que a disposição dos orifícios de ar, embora mantendo um padrão regular, pode não ser periódica ou pode mesmo ser completamente aleatória em termos de forma, tamanho e localização e, no entanto, proporcionar uma orientação da luz. Isto dá origem a outra nomenclatura, ainda mais alargada, a "**fibra holey**".

Devido à sua estrutura única, que é diferente da das fibras convencionais de índice escalonado ou de índice graduado, uma fibra de cristal fotónico pode proporcionar propriedades de propagação que não são facilmente obtidas com fibras convencionais. Por exemplo, as fibras de cristais fotónicos podem ser concebidas para serem monomodo em toda a gama de comprimentos de onda de interesse nas comunicações ópticas, proporcionar uma dispersão pequena e quase constante numa vasta gama de comprimentos de onda ou ser uma fibra ótica altamente não linear. Esta nova fibra oferece o potencial para uma variedade de aplicações, tais como guia de luz de alta potência com baixas perdas, geração de supercontinuidade, filtro sintonizável incorporado em grelha e fibra de manutenção da polarização.

Nas secções seguintes, começa-se por dar alguma informação de base sobre as estruturas de cristais fotónicos. Em seguida, apresenta-se um levantamento da literatura sobre a análise, conceção, medições e aplicações das fibras de cristais fotónicos.

2.2 Informação de base sobre estruturas de cristais fotónicos

Um cristal é um arranjo periódico de átomos ou moléculas. Se um pequeno bloco básico de átomos ou moléculas for repetido espacialmente, forma-se uma rede cristalina. Como é sabido, os materiais semicondutores têm um intervalo entre as bandas de energia de valência e de condução. Os electrões estão proibidos de ocupar qualquer nível de energia dentro do intervalo de energia. Do mesmo modo, se a constante dieléctrica de um material mudar periodicamente no espaço, o material é designado por cristal fotónico. Um cristal fotónico possui uma banda de frequência proibida na qual é proibida a propagação de ondas electromagnéticas. De acordo com o número de direcções em que os materiais dieléctricos apresentam periodicidade, são possíveis estruturas de cristais fotónicos unidimensionais, bidimensionais ou tridimensionais. A dispersão da luz pelos cristais fotónicos pode produzir muitos dos fenómenos análogos para os fotões ao potencial atómico que actua sobre os electrões.

As estruturas de cristais fotónicos são análogas aos cristais normais, nos quais os átomos ou grupos de átomos estão dispostos num padrão repetitivo, exceto que o período de repetição é da ordem de um mícron em vez de uma fração de nanómetro. Em 1987, Yablonovitch sugeriu uma aplicação de cristais fotónicos em lasers semicondutores para controlar a emissão espontânea [1]. Esta sugestão baseava-se na ideia de que uma estrutura fotónica pode ser concebida de modo a introduzir um intervalo de frequência coincidente com o espetro da emissão espontânea. Outros cientistas propuseram aplicações de estruturas de cristais fotónicos em frequências milimétricas e de micro-ondas, a fim de obter os desempenhos desejados para antenas [2-3] e guias de onda [4].

O **intervalo** de **banda fotónica** (PBG) pode ser definido como uma gama de frequências para as quais os fotões são proibidos de viajar através de um cristal fotónico em qualquer direção de propagação. Por analogia com os electrões num cristal, as ondas electromagnéticas que se propagam numa estrutura com constantes dieléctricas que variam periodicamente são organizadas em bandas fotónicas. Para certas estruturas cristalinas que têm razões de contraste dielétrico suficientemente elevadas, estas bandas fotónicas são separadas por lacunas (fotónicas) nas quais os estados de propagação são proibidos.

2.2.1Estruturas de cristais fotónicos unidimensionais

O índice de refração num cristal fotónico unidimensional varia apenas numa direção. Um exemplo de um cristal fotónico unidimensional é apresentado na Figura 2.1. O material é periódico na direção z, com constantes dieléctricas $\varepsilon r1=11,56$ para o cinzento e $\varepsilon r2=1,96$ para o azul, e é homogéneo no plano xy. Os modos de propagação podem ser descritos em termos de **k**//, kz e *n*, o vetor de onda no plano transversal, o número de onda na direção z e o número de banda, respetivamente.

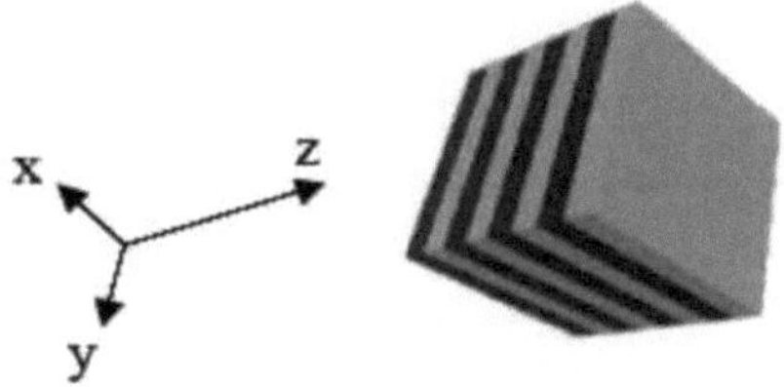

Fig. 2.1: Estrutura de cristal fotónico unidimensional

2.2.2 Estruturas bidimensionais de cristais fotónicos

Uma estrutura de cristal fotónico bidimensional, que é o tema de interesse das fibras de cristal fotónico, tem uma geometria periódica em duas direcções e é homogénea na terceira. A Figura 2.2 apresenta um exemplo simples de um cristal fotónico bidimensional. A coluna vermelha na Figura 2.2 (a) pode ser considerada como um defeito no cristal fotónico, que será discutido mais adiante nesta secção. Sem a coluna vermelha, a Figura 2.2 (b) mostra a vista superior numa célula unitária enquadrada a amarelo. Nesta figura, Λ e r representam a constante de rede e o raio de uma coluna, respetivamente. A Figura 2.3 ilustra dois outros exemplos de cristais fotónicos bidimensionais.

Se não forem permitidos modos electromagnéticos no intervalo de frequência, o que acontece quando uma luz com uma frequência no intervalo fotónico é lançada para a face do cristal a partir do exterior? Agora, não existe um vetor de onda puramente real para qualquer modo nessa frequência. Em vez disso, o vetor de onda é complexo, **k=kr+jki**. A amplitude da onda decai exponencialmente no interior do cristal e estabelece modos evanescentes.

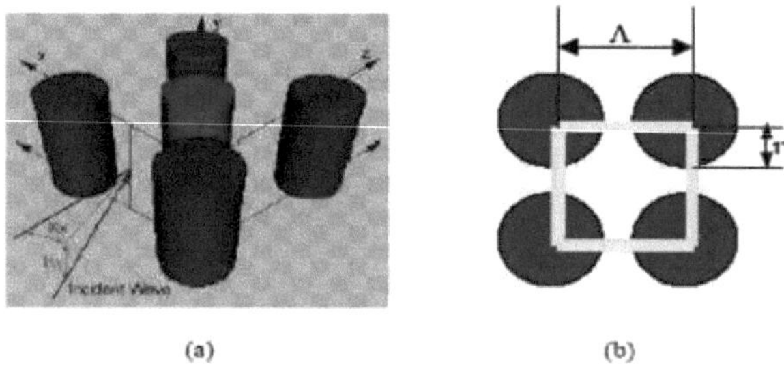

Fig. 2.2: Exemplos simples de estruturas bidimensionais de cristais fotónicos

a) Com um defeito b) Vista superior de uma célula unitária

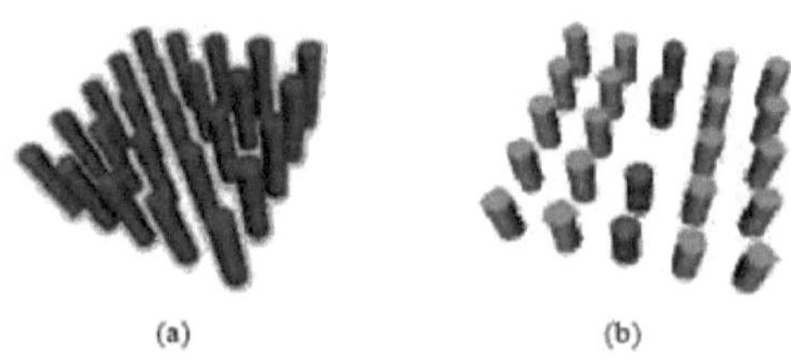

Fig.2.3: Estruturas bidimensionais de cristais fotónicos

(a) Sem defeito (b) Com defeito

Se um defeito no cristal fotónico, como na Figura 2.3 (b), tiver o tamanho adequado para suportar um modo no intervalo de banda, então a luz não pode escapar e o modo será guiado através do defeito. Neste caso, pode dizer-se que a estrutura periódica em torno do defeito actua como um espelho perfeito para a luz com uma frequência dentro de um intervalo bem definido. Um espelho tão perfeito não poderia ser feito sem a periodicidade estrutural do cristal fotónico. Nas Figuras 2.2 e 2.3, as estruturas de cristais fotónicos bidimensionais têm uma estrutura quadrada. São possíveis outros tipos de estruturas de cristais fotónicos bidimensionais com uma estrutura triangular ou em favo de mel. As propriedades electromagnéticas das estruturas de cristais fotónicos bidimensionais podem ser adaptadas alterando a constante de rede Λ, o raio r e as constantes dieléctricas.

2.2.3 Estruturas tridimensionais de cristais fotónicos

Uma estrutura dieléctrica que é periódica ao longo dos três eixos ortogonais forma um cristal fotónico tridimensional. Uma vez que existem três direcções ao longo das quais é permitida a variação do material, é possível uma grande variedade de geometrias para os cristais fotónicos tridimensionais. A figura 2.4 mostra um exemplo de um cristal fotónico tridimensional. As esferas vermelhas representam esferas dieléctricas, localizadas nos sítios de uma rede de diamante. Este tipo de estrutura pode ser caracterizado utilizando os vectores da rede, as constantes dieléctricas das esferas e do material incorporado, e o raio das esferas. Outros tipos de cristais fotónicos tridimensionais podem ser criados eliminando as esferas vermelhas e ligando os locais com tubos dieléctricos cilíndricos. Para localizar a luz num plano ou ao longo de uma linha nestes tipos de cristais fotónicos, podem ser introduzidos defeitos de acordo com o objetivo pretendido.

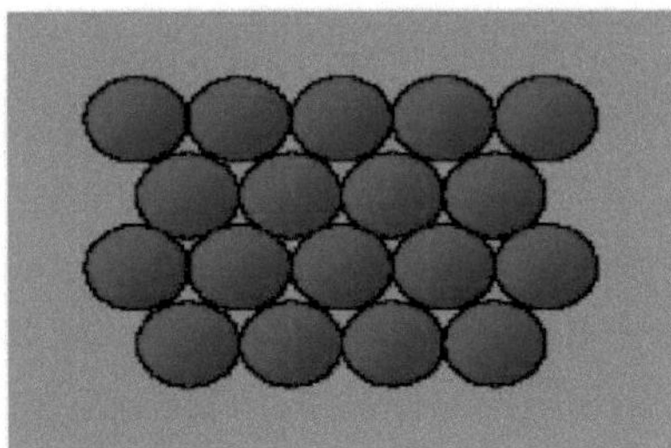

Fig.2.4: Um exemplo de estruturas tridimensionais de cristais fotónicos

2.3 Revisão da literatura

Desde a primeira introdução das fibras de cristal fotónico na década de 1980, a conceção destas fibras tem sido um tema de grande interesse para os investigadores científicos de todo o mundo. No entanto, devido às suas propriedades invulgares, as PCF podem ser utilizadas em muitas aplicações, desde as telecomunicações à espetroscopia, maquinagem industrial, sensores biomédicos e militares, entre outras.

Foram dedicados muitos esforços e investigação à conceção de PCF com várias propriedades.

Lin-Ping Shen et al [1] projectaram a PCF para aplicações relacionadas com a dispersão. O modelo de projeto baseia-se na combinação de um solucionador de modo vetorial rigoroso e de uma transformação de escala para as propriedades de dispersão das PCFs. Em comparação com o método de conceção convencional, o seu procedimento de conceção é mais eficiente e pode ser facilmente automatizado para efeitos de otimização da conceção. São demonstradas várias aplicações do procedimento de conceção, por exemplo, a otimização da conceção de fibras com deslocamento da dispersão, fibras com achatamento da dispersão e fibras de compensação da dispersão.

Albert Ferrando et al [2] apresentaram um estudo sistemático das propriedades de dispersão da velocidade de grupo em fibras de cristais fotónicos (PCF's). Esta análise inclui uma descrição exaustiva da dependência da dispersão geométrica da fibra em relação aos parâmetros estruturais de uma PCF. A interação entre a dispersão do material e a dispersão geométrica permite-nos estabelecer um procedimento bem definido para conceber perfis de dispersão específicos pré-determinados. Este artigo centra-se nos comportamentos de dispersão achatada tanto na janela de telecomunicações (cerca de 1,55 *μm*) como na gama de comprimentos de onda do laser *Ti-Za* (cerca de 0,8 μm).

Anders Bjarklev et al [3] desenvolveram propriedades aproximadas de dispersão e flexão de fibras de cristal fotónico bidimensionais de allsilica. Estas são caracterizadas pela combinação de um modelo de índice efetivo e de ferramentas de análise clássicas para fibras ópticas.

A. Cucinotta, et al [4] apresentaram a fibra holey (HF), com uma geometria de furos muito complexa. Esta HF é estudada através de um simulador numérico para análise modal baseado no método dos elementos finitos (FEM). São investigadas as propriedades de polarização e dispersão, bem como a distribuição do campo vetorial completo do modo fundamental. Os resultados numéricos obtidos mostram uma boa concordância com os resultados experimentais registados na literatura.

Masanori Koshiba [5] calculou, através de um modelo vetorial modal completo, a birrefringência, a dispersão, a perda por confinamento, a área efectiva e o diâmetro do campo de modos em fibras de cristal fotónico com guia de índice. Através de simulações de modelos reais, a dispersão dependente da polarização, a perda por confinamento, a área efectiva e o diâmetro do campo de modos em estruturas de fibras reais são demonstrados numericamente.

K. P. Hansen et al [6] demonstraram a primeira fibra não linear em que tanto o nível de dispersão como o declive podem ser totalmente controlados numa vasta gama de comprimentos de onda, mantendo simultaneamente baixas perdas e um elevado coeficiente não linear.

Boris Kuhlmey et al [7] calcularam as perdas e as propriedades de dispersão de fibras ópticas microestruturadas com secções transversais finitas utilizando um método multipolar vetorial rigoroso. Este trabalho restringe o estudo a redes triangulares de inclusões de orifícios de ar numa matriz de sílica, tendo em conta a dispersão do material. O núcleo da fibra é modelado por uma inclusão ausente. A influência do passo, do diâmetro dos furos e do número de anéis de furos na dispersão cromática é descrita, e são dadas indicações físicas para explicar o comportamento observado.

H.P. Uranus, et al [8] investigaram os modos de uma fibra de cristal fotónico monomodo sem fim comercial (ESM-PCF) utilizando um solucionador de modos de elementos finitos. Com base na discriminação de perdas entre o modo dominante e o modo de ordem superior mais próximo, estabeleceram um critério para a monomodalidade. Usando essa medida, verificaram a monomodalidade da ESM-PCF correspondente e descobriram que a monomodalidade infinita é válida apenas para aplicações de comprimento de fibra relativamente longo.

2.4 Objectivos do presente trabalho

É evidente, a partir da discussão anterior e da revisão da literatura, a importância da fibra de cristal fotónico em várias áreas de aplicação, tais como telecomunicações, sensores, militar, maquinagem industrial, espetroscopia e biomédica. Entre os vários tipos de estrutura, a PCF com uma rede triangular de orifícios tem sido a mais popular e amplamente utilizada.

A pesquisa bibliográfica revela que foram efectuadas e continuam a ser efectuadas numerosas investigações com o objetivo de facilitar os métodos de fabrico de PCF e também de conceber PCF para várias aplicações, tais como sensores, maquinagem industrial, biomedicina, espetroscopia e telecomunicações.

O objetivo do presente trabalho foi definido como:

- Conceção da fibra ótica, que funcionará em regime monomodo com um grande diâmetro de campo de modo para todos os comprimentos de onda de interesse, utilizando a fibra de cristal fotónico através de um método muito simples, que não requer cálculos pesados como nos métodos FEM, FDTD, MM.
- Simultaneamente, esta fibra ótica deve ter uma dispersão plana numa vasta gama de comprimentos de onda para reduzir as desvantagens associadas à elevada dispersão.

- Tendo concebido a fibra com as propriedades acima referidas, podemos utilizá-la eficazmente para a aplicação da comunicação ótica.
- Como o diâmetro do campo de modo é quase três vezes superior ao da fibra monomodo convencional, pode ser utilizado eficazmente para WDM.
- Também podemos bombear mais potência para minimizar o número de repetidores necessários sem entrar na não linearidade.

Referência:

[1] . Lin-Ping Shen, *Membro Estudante, IEEE*, Wei-Ping Huang, *Membro Sénior, IEEE*, e Shui-Sheng Jian "Design of Photonic Crystal Fibers for Dispersion-Related Applications", JOURNAL OF LIGHTWAVE TECH.21, NO. 7, JULHO 2003.

[2] . Albert Ferrando, Enrique Silvestre, e Pedro Andr'es, "Designing the properties of dispersion flattened PCF", 17 de dezembro de 2001 / Vol. 9, No. 13 / OPTICS EXPRESS.

[3] . Anders Bjarklev et al, "DISPERSION PROPERTIES OF PHOTONIC CRYSTAL FIBRES", Departamento de Sistemas Electromagnéticos, Universidade Técnica da Dinamarca, ECOC98, 20-24 de setembro de 1998, Madrid, Espanha.

[4] . A. Cucinotta, S. Selleri, L. Vincetti, e M. Zoboli, "Holey Fiber Analysis through the Finite-Element Method", IEEE PHOTONICS TECHNOLOGY LETTERS, 2002.

[5] . Masanori Koshiba, "Numerical Simulation of Photonic Crystal Fibers", Divisão de Eletrónica e Engenharia da Informação, Universidade de Hokkaido.

[6] . K. P. Hansen e J. R. Folkenberg, "Fully Dispersion Controlled Triangular-Core Nonlinear Photonic Crystal Fiber", *www.com.dtu.dk*

[7] Boris Kuhlmey et al," Chromatic dispersion and losses of microstructured optical fibers", APPLIED OPTICS Vol. 42, No. 4/1 fevereiro de 2003.

[8] . H.P. Uranus, H.J.W.M. Hoekstra, e E. van Groesen, "Modes of an endlessly single-mode photonic crystal Fiber: a finite element investigation", Proceedings Symposium IEEE/LEOS Benelux Chapter, 2004, Ghent.

Capítulo 3

Fibra de cristal fotónico

3.1 Introdução

A revolução na indústria eletrónica que teve lugar nas últimas décadas alterou o nosso quotidiano de uma forma nunca prevista na altura em que o transístor foi inventado [1, 2]. Na base desta revolução estiveram a descoberta e a compreensão básica dos semicondutores, que permitiram à humanidade inventar e desenvolver a eletrónica a que nos habituámos ao longo dos anos. Em comparação com a eletrónica, a tecnologia ótica encontra-se atualmente num nível muito modesto. Tal como os semicondutores revolucionaram a tecnologia eletrónica, os cristais fotónicos, sendo o análogo ótico dos cristais semicondutores electrónicos, poderão conduzir a um grande avanço na optoelectrónica e na ótica integrada.

Originalmente, os cristais fotónicos foram propostos como materiais capazes de localizar a luz [3] e inibir completamente a emissão espontânea se uma fonte de luz for incorporada nesse cristal [4], um exemplo extremo do efeito Purcell [5]. De forma análoga ao intervalo eletrónico dos semicondutores, os cristais fotónicos apresentam uma determinada gama de frequências em que a luz não se pode propagar em qualquer direção na estrutura. Esta gama de frequências é conhecida como o intervalo de banda fotónico. Enquanto os semicondutores existem em virtude da periodicidade da rede cristalina subjacente de átomos, os cristais fotónicos são formados por uma variação periódica da constante dieléctrica numa escala de comprimento comparável ao comprimento de onda de interesse. Se um átomo for colocado no interior de uma estrutura deste tipo, não poderá irradiar energia se a sua frequência de transição se situar dentro do intervalo de banda fotónica, pelo que a emissão espontânea pode ser completamente inibida. Tal como descrito anteriormente, os cristais fotónicos são materiais que têm uma disposição periódica da constante dieléctrica numa escala de comprimento comparável ao comprimento de onda de interesse. Devido a esta periodicidade, é possível encontrar uma banda de frequências para a qual a propagação da luz numa determinada direção é proibida; esta banda é designada por "stop gap" nessa direção específica.

Os cristais fotónicos também podem ser utilizados em aplicações em que é necessário manipular e orientar a luz numa escala de comprimento de onda. Um exemplo clássico é constituído pelos cristais 1-D, conhecidos há décadas e normalmente designados por espelhos de Bragg. Estes cristais mostram uma reflexão eficiente para uma determinada banda de frequência e, como tal, encontram aplicação como espelhos dieléctricos para laser ou filtros de banda. A extensão a sistemas bidimensionais (2-D) é de grande importância prática, uma vez que as estruturas 2-D podem ser integradas com relativa facilidade na tecnologia existente de guias de ondas planas e de fibras para fins de comunicação ótica. O confinamento da luz na terceira direção (fora do plano) é, neste caso, proporcionado pela guia de ondas planar, enquanto a propagação no plano é ditada pelas propriedades do cristal fotónico bidimensional envolvido. A utilização de tais cristais fotónicos 2-D foi demonstrada, por exemplo, em filtros add-drop [6] e díodos emissores de luz altamente eficientes [7] que utilizam um cristal fotónico 2-D para acoplar a luz a partir de uma estrutura de guia de ondas integrada.

A maioria destas aplicações não utiliza um cristal bidimensional perfeito, mas baseia-se na utilização de defeitos bem definidos e controlados na estrutura perfeita, análoga à dopagem de um cristal semicondutor com átomos de impureza. Num cristal fotónico, esse defeito é formado pela adição ou remoção de material dielétrico em uma ou mais posições bem definidas na rede. Um defeito pontual, obtido através da alteração de um único ponto disperso na rede perfeita, pode ser utilizado para definir uma cavidade de Q elevado com um volume de modo muito pequeno. Um defeito de linha pode ser obtido removendo uma fila de varetas de uma rede quadrada de varetas dieléctricas [8]. Este defeito de linha pode ser utilizado para guiar a luz utilizando as propriedades reflectoras do cristal fotónico. Dado que o índice de refração deste guia é inferior ao do meio circundante, o mecanismo de orientação difere fundamentalmente do princípio da reflexão interna total num guia de ondas "clássico" ou numa fibra ótica. Isto abre a possibilidade de guiar e dirigir a luz no ar numa escala de comprimento de onda; um conceito que foi demonstrado no regime de micro-ondas [9]. O mesmo princípio para comprimentos de onda ópticos é utilizado numa fibra de cristal fotónico (PCF), que é composta por um núcleo oco rodeado por um cristal fotónico [10]. Estes guias são considerados superiores às fibras e guias de onda normais em aplicações de alta potência, uma vez que o ar (vácuo) tem menor absorção, pelo que estas fibras têm um limiar de dano mais elevado e não linearidades ópticas mais baixas do que as fibras clássicas.

As fibras de cristal fotónico (PCF) são fibras com uma estrutura interna periódica constituída por capilares, cheios de ar, dispostos de modo a formar uma rede. A luz pode propagar-se ao longo da fibra em defeitos da sua estrutura cristalina. Um defeito é obtido através da remoção de um ou mais capilares centrais. As PCF são uma nova classe de fibras ópticas e, combinando as propriedades das fibras ópticas e dos cristais fotónicos, possuem uma série de propriedades únicas impossíveis de obter nas fibras clássicas. As fibras ópticas clássicas têm um desempenho muito bom em aplicações de telecomunicações e não telecomunicações, mas há uma série de limites fundamentais relacionados com as suas estruturas. As fibras têm de cumprir regras de conceção rígidas: diâmetro limitado do núcleo no regime monomodo, comprimento de onda de corte modal, escolha limitada de material (as propriedades térmicas do vidro do núcleo e do vidro de revestimento têm de ser as mesmas).

A conceção das PCFs é muito flexível. Há vários parâmetros a manipular: passo da rede, forma e diâmetro do orifício de ar, índice de refração do vidro e tipo de rede. A liberdade de conceção permite obter fibras monomodo sem fim (ESM), que são monomodo em toda a gama ótica, não existindo um comprimento de onda de corte. Ao manipular a estrutura, é possível conceber as propriedades de dispersão desejadas da fibra. Podem ser concebidas e fabricadas PCF com dispersão zero, baixa ou anómala nos comprimentos de onda visíveis. Por outro lado, podem ser obtidas fibras monomodo de grandes dimensões, com núcleo sólido ou de ar. A ideia de uma fibra de cristal fotónico foi apresentada pela primeira vez por Yeh et al. em 1978 [11]. Estes autores propuseram revestir o núcleo de uma fibra com uma rede de Bragg, que é semelhante a um cristal fotónico 1D. Uma fibra de cristal fotónico feita de cristal fotónico 2D com um núcleo de ar foi inventada por P. Russell em 1992 e a primeira PCF foi apresentada na Optical Fiber Conference (OFC) em 1996 [12]. A Tabela 1 apresenta uma breve panorâmica do desenvolvimento das PCF.

3.2 Mecanismos de orientação em fibras de cristais fotónicos

Se o defeito da estrutura for realizado através da remoção do capilar central, então a orientação de uma onda electromagnética numa fibra de cristal fotónico pode ser considerada como um mecanismo de reflexão interna total modificado. A modificação é devida à rede de capilares de ar que vazam modos superiores, de modo que apenas um modo fundamental é transportado. Este é o modo com o diâmetro mais pequeno, próximo do tamanho do defeito, ou seja, da constante de rede da estrutura periódica [13, 14]. Uma fibra é monomodo se a razão de preenchimento (d/Λ) < 0,4, onde d é o diâmetro do canal de ar e Λ é a constante de rede do cristal. O guiamento da luz numa fibra de cristal fotónico foi demonstrado pela primeira vez em 1996 numa fibra de núcleo sólido (*guiamento de núcleo sólido*), como se mostra na figura 3.1.

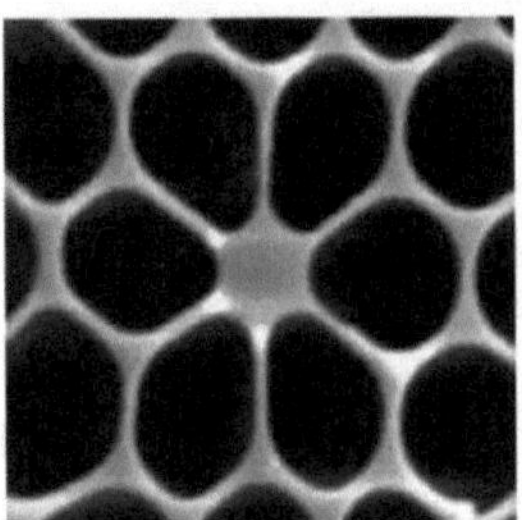

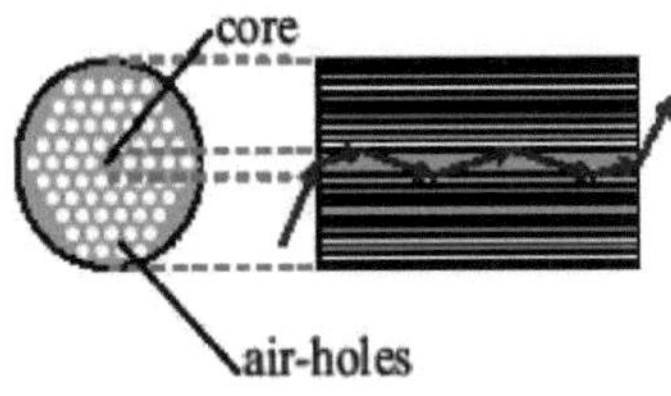

Fig.3.1: Imagem SEM e princípio de orientação da PCF

Numa rede de capilares de ar, o capilar central foi substituído por uma haste. Se o defeito central for realizado através da inserção de um capilar de ar central, que tem um diâmetro diferente dos outros capilares (geralmente maior), então podemos obter um fotonic bandgap (PBG), como mostra a figura 3.2. O guiamento da luz é então um análogo de um mecanismo conhecido na física do estado sólido como o mecanismo de condução de electrões em materiais com uma estrutura de banda de energia. Em 1997, foi demonstrado o guiamento da luz num defeito de ar (guiamento PGB de núcleo oco). Foram removidos alguns capilares centrais de uma rede hexagonal, deixando um grande orifício cheio de ar [15].

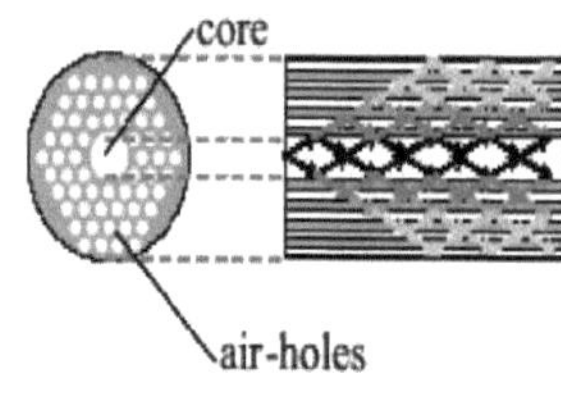

Fig.3.2: Imagem SEM e princípio de orientação do PBF

Quadro 3.1: Panorâmica do desenvolvimento das fibras de cristais fotónicos.

1978	Ideia da fibra de Bragg
1992	Ideia da fibra de cristal fotónico com núcleo de ar
1996	Fabrico de uma fibra monomodo com revestimento fotónico
1997	Modo infinitamente simples PCF
1999	PCF com intervalo de banda fotónica e núcleo de ar
2000	PCF altamente birrefringente
2000	Geração de supercontínuos com PCF
2001	Fabrico de uma fibra de Bragg
2001	Laser PCF com revestimento duplo
2002	PCF com dispersão ultra-plana
2003	Fibra de Bragg com núcleo de sílica e ar

Núcleos de ar distribuídos periodicamente podem formar uma estrutura de cristal fotónico 2D artificial com uma constante de rede semelhante ao comprimento de onda da luz. Nas estruturas cristalinas 2D, existem hiatos de banda fotónicos que impedem a propagação da luz com uma determinada gama de frequências. Se a periodicidade da estrutura for quebrada por um defeito (ausência de núcleos de ar ou núcleo de ar de grandes dimensões), é criada uma região especial com propriedades ópticas diferentes das do cristal fotónico. A região defeituosa pode suportar modos com frequências que se situam dentro do intervalo de banda fotónica, o que os impede de penetrar no cristal fotónico. Os modos são fortemente confinados aos defeitos e guiados ao longo deles através da fibra. Uma vez que o intervalo de banda fotónica é responsável pelo confinamento da luz no núcleo, não é necessário que a região defeituosa tenha um índice de refração mais elevado do que a região circundante.

3.3 Métodos de fabrico

Existem vários tipos de fabrico de PCF. Entre eles, o principal método de fabrico de fibras de cristal fotónico é o desbaste múltiplo [16]. Os métodos de desbaste múltiplo são bem conhecidos na tecnologia de desempenho de estruturas de guia de imagem (placas de fibra, guias de imagem, etc.), como se mostra na Fig. 3.4. Com este método, as PCFs são fabricadas num processo de várias etapas (Fig. 3.5). Na primeira etapa, são criados capilares individuais. É possível utilizar capilares com diferentes diâmetros e espessuras de parede (o que influencia a relação d/Λ na fibra), diferentes secções transversais (circular, hexagonal, quadrada) e diferentes tipos de vidro (sílica, silicato, multicomponente com várias composições de óxidos, etc.). De seguida, os capilares individuais são posicionados à mão, para criar uma pré-forma multicapilar com a simetria necessária. O defeito no qual a luz se propaga é um bastão de vidro ou, no caso de fibras com um intervalo de banda fotónico, um orifício com um diâmetro adequado. Estas barras de defeito são colocadas na estrutura. Uma estrutura assim preparada é depois fundida e estirada com uma torre de estiramento de fibras à escala milimétrica, sendo normalmente designada por pré-forma intermédia. Trata-se de uma barra de vidro termicamente integrada com orifícios nos locais dos capilares e espaços preenchidos entre eles. Para obter uma fibra com um determinado diâmetro e os parâmetros estruturais necessários (distância entre orifícios, diâmetro dos orifícios, diâmetro do núcleo), a pré-forma intermédia é complementada com varetas de vidro adicionais. Esta pré-forma intermédia é depois fundida e estirada novamente com uma torre de estiramento de fibras até se obter uma fibra final com uma estrutura à escala micrométrica. Por fim, neste processo são normalmente adicionadas camadas extra de polímero para criar um revestimento que protege mecanicamente a fibra.

Durante as experiências, observa-se que o adelgaçamento de uma estrutura com uma dada simetria afecta a forma da secção transversal dos furos. Quando a espessura da parede é pequena, estes tendem a adotar uma forma correspondente à simetria da estrutura. Para uma estrutura hexagonal, é um hexágono, enquanto que para uma estrutura quadrada é um quadrado. Isto é evidente quando o desbaste é aplicado a vidro altamente viscoso (baixa temperatura) e a estruturas com um rácio d/Λ elevado *(> 0.6)*. O mesmo fenómeno é evidente no afinamento de estruturas multi-fibras (guias de imagem). A obtenção de fibras fotónicas com as características de transmissão requeridas é um problema tecnológico difícil. É necessário moldar estruturas de dimensão microscópica, controlando apenas parâmetros macroscópicos como a temperatura e a taxa de alongamento. São encontrados defeitos que afectam as propriedades da estrutura que se desviam dos seus valores ideais assumidos nas simulações.

Os principais problemas de fabrico são a presença de orifícios de ar deformados, o aparecimento de orifícios adicionais e as perturbações da simetria da estrutura [17]. A presença de orifícios com diferentes diâmetros e formas irregulares é claramente visível em estruturas com uma estrutura quadrada. Normalmente, a temperatura na fibra não é uniforme e tem uma distribuição radial. Como resultado, os orifícios exteriores tornam-se mais deformados e têm diâmetros mais pequenos. Por isso, recomenda-se a adição de dois ou três anéis de capilares à volta da estrutura originalmente concebida. Estes capilares adicionais não afectam o modo guiado no defeito. O aparecimento de orifícios adicionais está muitas vezes presente quando os espaços entre os capilares não se fecham durante o processo de desbaste.

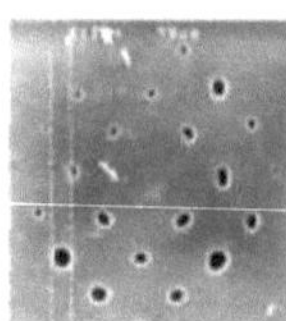
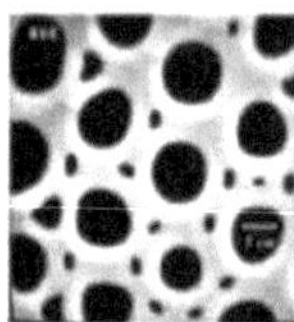
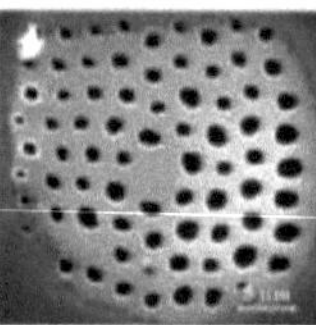

Fig. 3.3: Defeitos no fabrico da PCF: (a) a estrutura quadrada 5 * 5 com diferentes diâmetros de orifícios; (b) a estrutura hexagonal com espaços entre capilares não devidamente fechados; (c) a estrutura quadrada 9 * 9 com orifícios deslocados.

No entanto, também existem relatórios sobre o fabrico de PCF com processos de extrusão [18], que é utilizado principalmente para a formação de PCF de vidro macio. Neste método, o vidro fundido é forçado a passar através de uma matriz que contém um padrão de orifícios.

Fig.3.4: A torre de extração de fibras para o fabrico de PCF

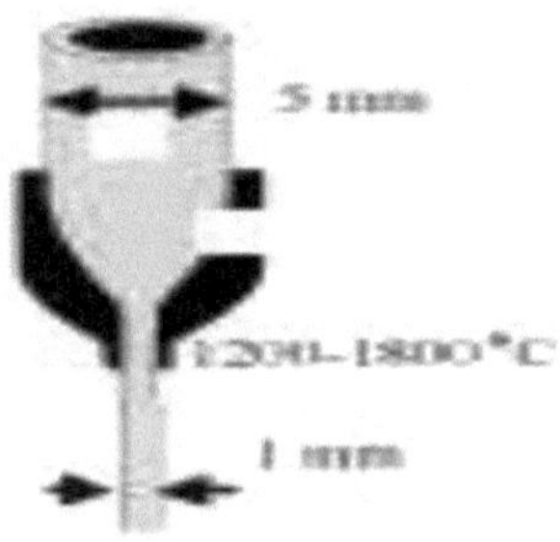

a) Creation of individual capillaries

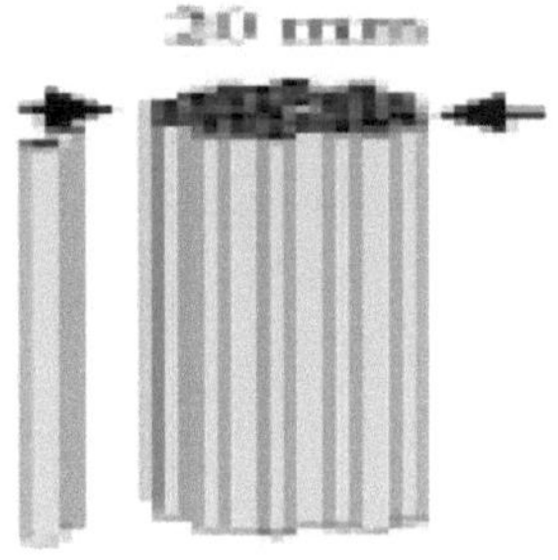

b) Formation of the preform

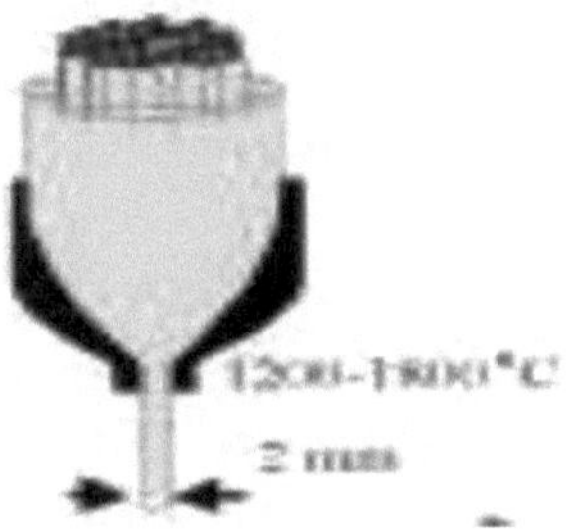

c) Drawing of intermediate preform

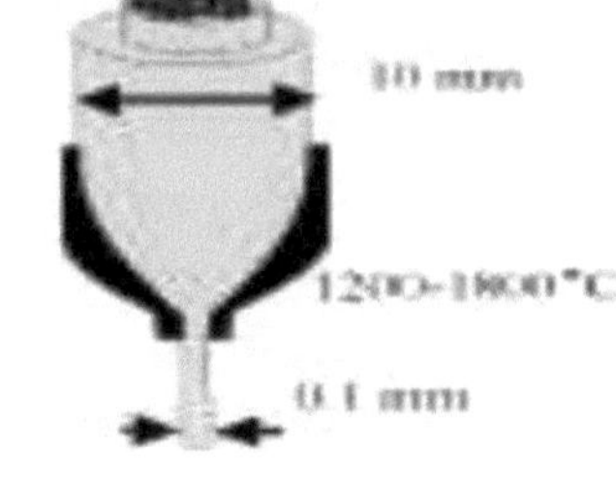

d) Drawing of the final fiber

Fig 3.5: Fabrico de fibras de cristal fotónico

3.4 Métodos de modelação

Os métodos habitualmente utilizados para a modelação de fibras ópticas não podem ser aplicados com êxito na modelação de PCF. Estas fibras têm um elevado contraste de índice de refração e uma estrutura periódica de sub-comprimento de onda. Por conseguinte, os métodos utilizados na modelação de cristais fotónicos e campos electromagnéticos são adaptados para este fim.

O método das diferenças finitas no domínio do tempo (FDTD) é amplamente utilizado para o cálculo da avaliação de um campo eletromagnético em meios depressivos [19]. A propagação da onda através da estrutura PCF é encontrada por integração direta no domínio do tempo das equações de Maxwell numa forma discreta. O espaço e o tempo são discretizados numa grelha regular. A avaliação do campo elétrico e magnético é calculada numa célula de Yee (Fig. 3.6). Para além disso, são adicionadas as condições de fronteira (absorventes ou periódicas). Na maioria das vezes, as condições de fronteira de camada correspondente perfeita uniaxial (UPML) são utilizadas para a modelação de PCF. O método permite obter os coeficientes de transmissão e reflexão, o fluxo de energia dos campos de propagação (vetor de Poynting). Permite a observação de uma distribuição de campo em estado estacionário, bem como a distribuição temporária do campo.

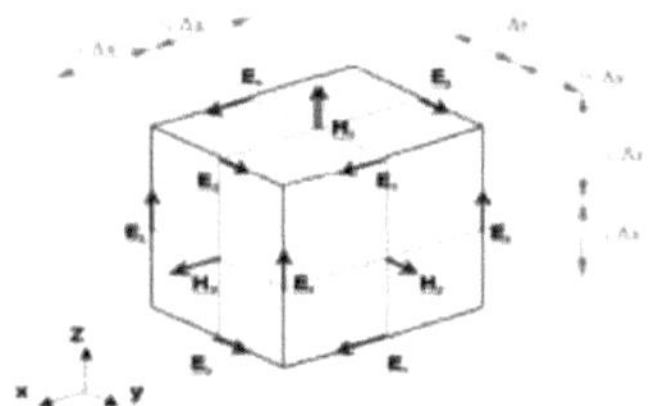

Fig.3.6: A célula de Yee descreve todas as componentes do campo elétrico e magnético num cubo

O método FDTD é universal, robusto e metodologicamente simples. A principal desvantagem deste método é a elevada complexidade do algoritmo em termos de tempo e memória. Uma vez que as PCF são estruturas 3D com uma distribuição 2D do índice de refração, só podem ser simuladas com estes métodos pequenas partes da fibra. Este método pode ser aplicado com sucesso para modelar cones, acopladores e acoplamento de núcleo duplo nas PCFs. As simulações de grandes volumes podem ser efectuadas com clusters de computadores porque o método FDTD pode ser implementado com relativa facilidade como um algoritmo paralelo.

Esquemas de discretização semelhantes podem ser usados no contexto do método de propagação de feixe (BPM) [20] ou de solucionadores de modo de diferenças finitas (FD). Zhu et al. utilizam o esquema de discretização 2D Yee no seu solucionador de modo de diferenças finitas de vetor completo [21] para expressar a forma discreta do campo elétrico e magnético transversal. Aplicando o procedimento de diferenças finitas, a equação de onda vetorial completa dá origem ao problema algébrico dos valores próprios.

O método de propagação de feixes de diferenças finitas (BPM) é um algoritmo de propagação, no qual o campo no plano transversal é dividido em células discretas e a propagação é efectuada em passos curtos. Para cada passo de simulação, um conjunto de equações derivadas das equações de Maxwell é resolvido para produzir o campo de entrada para o passo seguinte. Isto é repetido ao longo de todo o comprimento da estrutura. O método de propagação do feixe pode ser alargado a simulações 3D utilizando o método implícito de direção alternada. A adição de polarização à simulação requer que se tenha em conta a natureza vetorial do campo elétrico. Neste caso, a propagação é efectuada através da resolução de duas equações diferenciais acopladas, uma correspondente a cada estado de polarização da base. O método de propagação de feixes pode ser convenientemente alargado para resolver os vários modos que se podem propagar numa estrutura 3D (isto é, numa geometria *z-invariante*).

O método de expansão de onda plana de vetor completo (PWE) oferece uma abordagem muito eficiente e direta para modelar PCFs [22, 23]. Este método permite resolver a equação da onda vetorial completa para o campo magnético. Neste modelo, um campo periódico, bem como uma constante dieléctrica dependente da posição, são representados através da expansão de Fourier em termos de funções harmónicas definidas pelo vetor recíproco da rede.

A forma mais precisa de simular a distribuição do campo luminoso numa guia de ondas é aplicar diretamente as equações de Maxwell. Para simplificar os cálculos, a estrutura ou o campo é frequentemente expandido numa soma de funções periódicas, para as quais as equações de Maxwell são resolvidas. O método de expansão de funções localizadas desenvolvido para analisar PCFs consiste em expandir o campo eletromagnético e a estrutura da fibra num número infinito de polinómios de Hermite. Para este campo, as equações de Maxwell reduzem-se a um problema algébrico de valores próprios, que pode ser resolvido analiticamente para muitos tipos de redes. A precisão da técnica é proporcional à precisão da descrição do perfil do índice de refração.

Para este efeito, pode ser necessário utilizar um grande número de polinómios, o que aumenta drasticamente os requisitos computacionais, especialmente para estruturas maiores e mais complexas. No método de expansão multipolar, o campo elétrico é expresso como uma soma das expansões de Fourier em torno dos orifícios individuais da estrutura. O campo atual é obtido a partir das condições de fronteira nas superfícies dos furos. A solução matemática do problema é então encontrada através da resolução de um conjunto de equações matriciais, o que limita o tipo de estruturas que podem ser simuladas. Sem simetria, o tempo de computação aproxima-se do infinito. No entanto, para estruturas simétricas, o método é razoavelmente rápido para um pequeno número de termos das expansões de Fourier. Se forem necessários mais termos, o método torna-se computacionalmente intensivo. O método de expansão de onda plana, amplamente utilizado na simulação de estruturas de cristais fotónicos, baseia-se na determinação do campo de uma estrutura periódica operando no espaço recíproco, que é obtido através da transformada de Fourier da rede.

Embora, em alguns casos ideais, estas soluções possam ser encontradas analiticamente, normalmente têm de ser obtidas numericamente, encontrando os valores próprios de uma equação caraterística. O método é preciso e rápido para simulações bidimensionais e é particularmente adequado para simular a estrutura de banda de PBFs.

O método dos elementos finitos de vetor completo (FEM) foi aplicado com êxito à modelação de PCF [24]. Este método permite calcular as propriedades de dispersão e confinamento do PBG e das estruturas de núcleo sólido. Para uma dada frequência, o método fornece-nos uma constante de propagação complexa

O método multipolar (MM), originalmente desenvolvido para modelar estruturas difractivas e cristais fotónicos, tem sido utilizado com sucesso em PCFs orientadas por índice e por bandgap fotónico [25]. Neste método, o campo é escrito em termos de harmónicas cilíndricas centradas em cada orifício de ar. O método tem vantagens em termos de velocidade e precisão. Uma vez que se assume um revestimento finito, os cálculos podem ser efectuados desta forma.

No método do índice efetivo, as fibras holey orientadas por índices são modeladas como fibras de índice degrau. Isto é feito mais facilmente tomando o índice de refração do núcleo da fibra de índice gradual equivalente como sendo o da sílica pura e determinando o índice do revestimento a partir do índice efetivo dos chamados modos de preenchimento do espaço. O índice do modo de preenchimento do espaço é encontrado resolvendo o modo que se propaga se o defeito for removido, ou seja, se o revestimento for assumido como contínuo e infinito. Conhecendo a constante de propagação β_{FSM} associada ao modo de preenchimento do espaço, o índice de refração efetivo do revestimento da fibra equivalente pode ser deduzido de

$$n_{eff}(\omega)=\beta_{FSM}(\omega)/k_0,$$

em que k_0 é ω/c é o número de onda da luz de frequência angular ω que se propaga no espaço livre. O HF pode então ser tratado como uma fibra de índice degrau normal. É importante notar que o método do índice efetivo só é bastante preciso quando o modo fundamental está bem confinado no interior do núcleo da fibra. No entanto, o método permite obter uma estimativa rápida das propriedades de guia de ondas da fibra.

Nos métodos de diferenças finitas, **as** equações de Maxwell também podem ser aplicadas à simulação da propagação da luz em guias de ondas. Isto leva à resolução de uma série de equações diferenciais que dependem do espaço e do tempo. As duas formas mais gerais de o fazer são os métodos de diferenças finitas no domínio do tempo e no domínio da frequência. Ambas as técnicas discretizam a estrutura modelada em células homogéneas, para as quais as equações de Maxwell são resolvidas numa forma diferenciada. No método do domínio do tempo, a discretização das equações é efectuada no espaço temporal e no método do domínio da frequência no espaço da frequência. Ambos os métodos são bem adaptados para simular PCFs, mas o resultado do cálculo produz uma soma de todos os modos de propagação e, portanto, os modos individuais não podem ser distinguidos.

Para além dos métodos acima mencionados, existem vários outros métodos utilizados na modelação de PCF: método da matriz dispersa, método da matriz transferida e outros. No entanto, os métodos mais utilizados são os métodos PWE, FD e multipolar para modelar as propriedades das PCFs.

Tabela 3.2: Características dos vários métodos utilizados para modelar PCFs.

MFD: diâmetro do campo de modo, β: constante de propagação, *Aeff*: área efectiva, λ: comprimento de onda, Pol: Polarização.

Método	**Propriedades modeladas**	**Precisão do modelo**	**Limitações**	**Esforço computacional**
Índice efetivo	MFD, β	Não é exato a λ mais longos	Análise política impossível	Baixa
Expansão de ondas planas	MFD, β, Aeff	Justo	Hipótese de revestimento infinito	Intensivo
Expansão multipolar	MFD, β, Aeff	Exato	Estruturas simétricas	Intensivo
Domínio temporal de diferenças finitas	MFD, β, Aeff	Fiável	Soma de todos os modos excitados	Muito intensivo
Propagação do feixe	MFD, β, Aeff	Fiável	Ineficiente	Elevado

Referências

[1] J. Bardeen e W. H. Brattain, "The transistor, a semiconductor triode", Phys. Rev. **74**, 230 (1948).

[2] W. Shockley, "The theory of p-n junctions in semiconductors and p-n junction transistors", Bell Syst. Tech. J. **28**, 435 (1949).

[3] S. John, "Strong localization of photons in certain disordered dielectric superlattices", Phys. Rev. Lett. **58**, 2486 (1987).

[4] E. Yablonovitch, "Inhibited spontaneous emission in solid state physics and electronics", Phys. Rev. Lett. **58**, 2059 (1987).

[5] E. M. Purcell, "Spontaneous emission probabilities at radio frequencies", Phys. Rev. **69**, 681 (1946).

[6] S. Noda, A. Chutinan, e M. Imada, "Trapping and emission of photons by a single defect in a photonic bandgap structure", Nature **407**, 608 (2000).

[7] M. Meier, A. et.al, "Emission characteristics of two-dimensional organic photonic crystal lasers fabricated by replica molding", J. Appl. Phys. **86**, 3502 (1999).

[8] A. Mekis, et. al, "High transmission through sharp bends in photonic crystal waveguides", Phys. Rev. Lett. **77**, 3787 (1996).

[9] S.-Y. Lin, E. Chow, V. Hietala, P. R. Villeneuve, e J. D. Joannopoulos, "Experimental demonstration of guiding and bending of electromagnetic waves in a photonic crystal", Science **282**, 274 (1998).

[10] R. F. Cregan, et. al, "Single-mode photonic band gap guidance of light in air", Science **285**, 1537 (1999).

[11] P. Yeh, A. Yariv, E. Marom, *J. Opt. Soc. Am.* 68, 1196 (1978).

[12] J.C. Knight, T.A. Birks, P.St.J. Russell, D.M. Atkin, *Opt. Lett.* 21, 1547 (1996).

[13] J.C. Knight, J. Broeng, T.A. Birks, P.S. Russel, *Science* 282, 1476 (1998).

[14] P.St. Russel, *Science* 299, 358 (2003).

[15] R.F. Cregan, B.J. Mangan, J.C. Knight, T.A. Birks, P.S. Russell, P.J. Roberts, D.C. Allan, *Science* 285, 1537 (1999).

[16] . R. Stepien, L. Kociszewski, D. Pysz, *Proc. SPIE* 3570, 62 (1998).

[17] D. Pysz, R. Stepien, P. Szarniak, R. Buczynski, T. Szoplik, *Proc. SPIE* 5576, 78 (2004).

[18] K. Kiang, K. Frampton, T. Monro, R. Moore, J. Tucknott, D. Hevak, N. Broderick, D. Richardson, H. Rutt, *Electron. Lett.* 38, 546 (2002).

[19] . A. Ta°ove, S. Hagness, "Computational Electrodynamics: The Finite Difference Time-Domain Method", Artech House, Boston 2000.

[20] F. Fogli, G. Bellanca, P. Bassi, I. Madden, W. Johnstone, *IEEE J. Lightwave Technol.* 17, 136

(1999).

[21] Z. Zhu, T.G. Brown, *Opt. Expr.* 10, 853 (2002).

[22] E. Silvestre, M.V. Andres, P. Andres, *IEEE J. Lightwave Technol.* 16, 923 (1998).

[23] A. Ferrando, E. Silvestre, J.J. Miret, P. Andres, M.V. Andres, *Opt. Lett.* 24, 276 (1999).

[24] A. Cucinotta, S. Selleri, L. Vincetti, M. Zoboli, *IEEE Photon. Technol. Lett.* 14, 1530 (2002).

[25] P. White, R.C. McPhedran, L.C. Botten, G.H. Smith, C.M. de Sterke, *Opt. Expr.* 9, 721 (2001).

Capítulo 4

Conceção de uma fibra monomodo infinita e de dispersão achatada

4.1 Introdução

Uma das propriedades atractivas das fibras de cristais fotónicos (PCF) é a sua possibilidade de serem monomodo numa vasta gama de comprimentos de onda, ultrapassando as fibras monomodo normais que se tornam multimodais para comprimentos de onda abaixo do seu comprimento de onda de corte monomodo. As PCFs, especialmente concebidas com esta propriedade, são designadas por PCFs monomodo infinito (ESM) [1]. Um modelo simples utilizado para estudar as PCF é o modelo de índice efetivo, em que o núcleo de índice elevado, rodeado pelo índice efetivo mais baixo da camada de revestimento devido à presença de orifícios periódicos, guia a luz através do chamado mecanismo de reflexão interna total modificado. Com um revestimento com uma pequena fração de enchimento de ar, obtém-se um guia de ondas equivalente de baixo índice de contraste, que é necessário para o funcionamento monomodo. Em comprimentos de onda mais curtos, o índice efetivo do revestimento aproximar-se-á do índice de refração da sílica. Esta propriedade dispersiva compensará de alguma forma a diminuição do comprimento de onda e manterá o comportamento monomodo numa vasta gama de comprimentos de onda.

No entanto, as PCFs práticas têm um tamanho limitado de revestimento holey, incorporado numa grande área de revestimento exterior uniforme, levando a uma estrutura com perdas de confinamento inerentes [2]. Com o crescente interesse em investigar tanto as perdas por dispersão como as perdas por confinamento das PCFs, foi proposto um modelo de onda de fuga como um modelo mais rigoroso para as PCFs. Entre o grande número de modos com fugas, a singularidade de um ESM-PCF é atribuída à discriminação de perdas entre o modo dominante e os outros modos. Uma vez que uma pequena fração de enchimento de ar conduzirá a uma elevada perda de confinamento, a conceção de uma ESM-PCF comercial enfrentará aparentemente um compromisso entre a monomodalidade infinita e a perda de confinamento. As PCF podem ser concebidas de modo a serem monomodo numa vasta gama do espetro visual e do infravermelho próximo. As fibras clássicas de índice degrau (SIFs) têm sempre uma frequência de corte acima da qual as fibras começam a ser multimodo [3].

Para determinar o número de modos guiados no SIF é normalmente utilizado um parâmetro de frequência normalizada (*V*). *V* é definido como:

$$V = \frac{2\pi\rho}{\lambda}\sqrt{n^2{}_{co} - n^2{}_{cl}} \tag{1}$$

em que p é o raio do núcleo, n_{co} e n_{cl} são o RI do núcleo e da camada de revestimento, respetivamente, e λ é o comprimento de onda de funcionamento.

No caso das fibras normais, o índice de revestimento é quase independente do comprimento de onda e *V* aumenta quando o comprimento de onda diminui. No caso das PCF, o valor do índice de refração efetivo do revestimento fotónico depende fortemente do comprimento de onda, enquanto nas fibras clássicas é quase constante, como se mostra na figura 4.1.

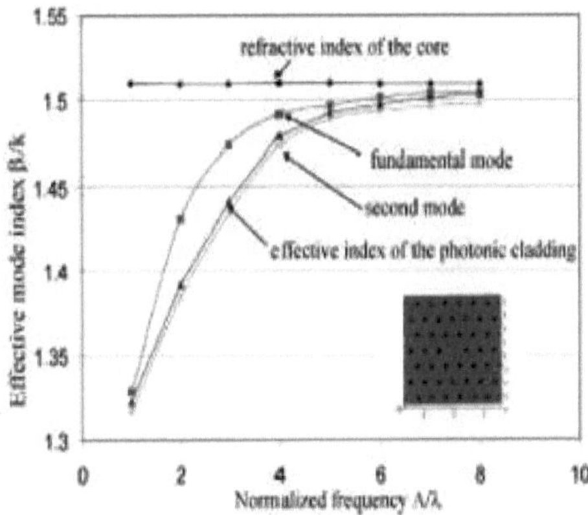

Fig. 4.1: Propriedades modais de uma PCF monomodo infinita feita de vidro multicomponente. Para qualquer comprimento de onda, o valor do índice de modo dos modos, superior ao fundamental, é inferior ao índice de revestimento efetivo.

A frequência normalizada tende para um valor estacionário para comprimentos de onda curtos. O índice de refração do revestimento fotónico e, portanto, o valor estacionário da frequência normalizada é definido pela estrutura do revestimento, nomeadamente pelo fator de preenchimento (a razão entre o diâmetro do orifício *d* e o período da rede Λ). Com um design adequado, é possível manter *V* abaixo de uma frequência normalizada de corte para qualquer faixa de comprimento de onda. A PCF, que cumpre esta condição, é normalmente designada como monomodo infinito [4, 5].

4.2 Procedimento de conceção

Considere uma PCF com uma rede triangular de orifícios, como mostrado na Figura 4.2, onde *d* é o diâmetro do orifício, Λ é o passo do orifício e o índice de refração da sílica é 1,45 [6]. No centro, um orifício de ar é omitido, criando um defeito central de alto índice que serve como núcleo da fibra. O parâmetro V que é dado por

$$V = \frac{2\pi a_{eff}}{\lambda}\sqrt{n^2_{co} - n^2_{FSM}} = \frac{2\pi a_{eff}}{\lambda}\sqrt{U^2 + W^2} \qquad (2)$$

Em que U e W são as constantes de fase transversal e de atenuação normalizadas

respetivamente, e é dada pela seguinte expressão.

$$U = \frac{2\pi a_{eff}}{\lambda}\sqrt{n^2_{co} - n^2_{eff}} \qquad (3)$$

$$W = \frac{2\pi a_{eff}}{\lambda}\sqrt{n^2_{eff} - n^2_{FSM}} \qquad (4)$$

Onde a_{eff} é o raio efetivo do núcleo e dado por Λ /V (3), n_{co} é o RI do núcleo e n_{FSM} é o índice do revestimento (índice efetivo do modo fundamental de preenchimento do espaço), n_{eff} é o índice efetivo do modo fundamental guiado.

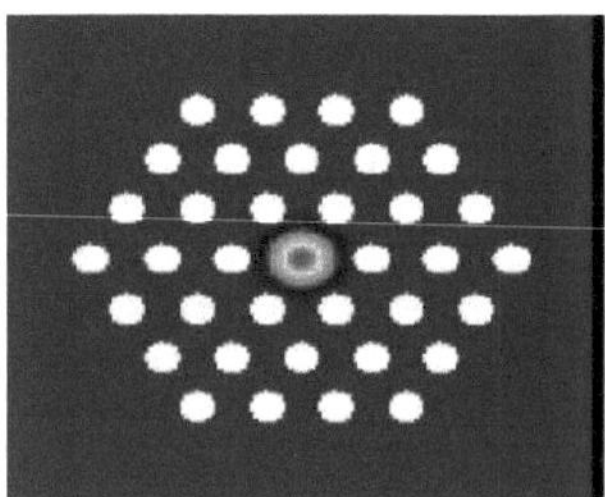

Fig. 4.2: Fibra de cristal fotónico com guia de índice

Mortensen *et al.* propuseram o seguinte parâmetro *V* efetivo para PCFs triangulares [7]:

$$Veff = \frac{2\pi\Lambda}{\lambda}\sqrt{n^2_{eff} - n^2_{FSM}} \qquad (5)$$

No entanto, esta definição é intrinsecamente diferente da definição original do parâmetro *V* na teoria das fibras de índice escalonado (SIF) e corresponde ao parâmetro *W*. Por conseguinte, parece difícil aplicar diretamente o princípio de conceção das SIFs às PCFs. Por isso, adoptamos a definição do parâmetro *V* da Eq. (2). Embora possamos estimar as propriedades fundamentais das PCFs utilizando o parâmetro *V* da Eq. (2), um fator limitante para a utilização da Eq. (2) é a necessidade de um método numérico para obter o índice efetivo de revestimento n_{FSM}.

A Figura 4.3 mostra os valores de *V* calculados através do MEF vetorial [8] em função de λ/Λ para d/Λ variando de 0,20 a 0,44. Por tentativa e erro, descobrimos que cada conjunto de dados na Fig.

4.3 pode ser ajustado a uma função da forma

$$V = A_1 + \frac{A_2}{A_3 \exp(A_4 \frac{\lambda}{\Lambda}) + 1} \tag{6}$$

4.3 Resultados da simulação

Como podemos ver no resultado simulado, ao variar a razão entre o diâmetro do furo d e o período da rede Λ, a fibra funcionará em regime monomodo para qualquer comprimento de onda de interesse. Para d/Λ variando de 0,2 a 0,44, diz-se que a fibra é infinitamente monomodo (ESM) para qualquer comprimento de onda. De 0,5 a 0,8, para comprimentos de onda curtos, a fibra funcionará como multimodo, enquanto que para comprimentos de onda mais altos, ela volta a funcionar em regime monomodo, como mostra a figura 4.4.

4.4 Aplicações

Uma caraterística única das PCFs é o facto de uma única fibra poder suportar o funcionamento monomodo numa gama de comprimentos de onda de cerca de 300 nm a mais de 2000 nm - mesmo para grandes áreas de campo de modo. Isto permite que as PCFs sejam utilizadas para a transmissão de potências muito elevadas com elevada qualidade de feixe, sem colidir com barreiras não lineares ou de danos. Além disso, são a escolha ideal para aplicações que requerem orientação monomodo numa gama muito ampla de comprimentos de onda, por exemplo, em sensores, espetroscopia, interferometria.

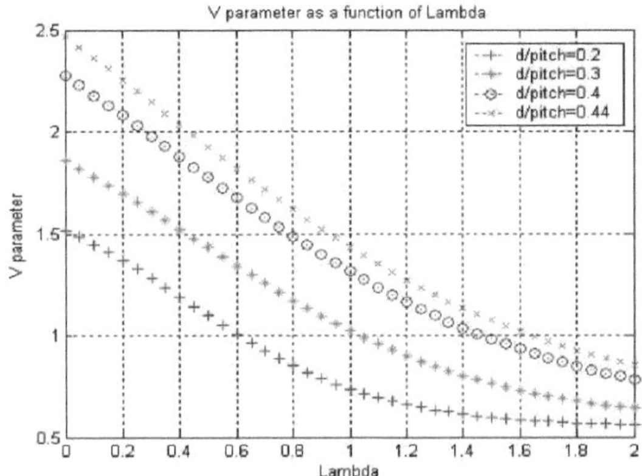

Fig.4.3: Parâmetro V efetivo em função de lambda/pitch para vários valores de d/pitch

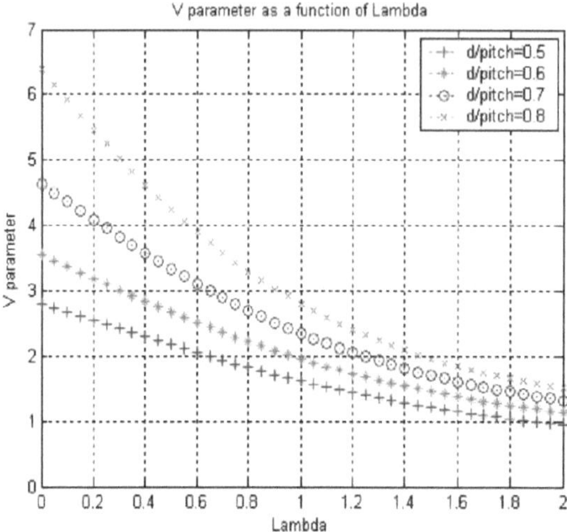

Fig.4.4: Parâmetro V efetivo em função de lambda/pitch para vários valores de d/pitch

4.5 Dispersão cromática em fibra monomodo

A dispersão é definida como o alargamento ou espalhamento do sinal enquanto este se propaga no interior da fibra. Numa fibra monomodo apenas existe dispersão **intramodal**, ou **cromática**, uma vez que apenas um modo está a propagar-se. É o caso de dois tipos de dispersão [3]:

a) Dispersão **do material**. E b) Dispersão da **guia de ondas**.

Em geral, o mecanismo de dispersão conduz ao espalhamento de impulsos. Quando um impulso se espalha, a energia sobrepõe-se. Esta condição é mostrada na figura 4.5. O espalhamento do impulso ótico à medida que este se desloca ao longo da fibra afectará todo o sistema:

a) A dispersão faz com que o sinal se espalhe, perca a sua forma e se torne difícil de detetar pelos receptores no final de uma extensão de fibra, pelo que a dispersão faz com que as taxas de erro de bit (BER) aumentem para níveis inaceitáveis.

b) A propagação do impulso ótico à medida que se desloca ao longo da fibra limita a capacidade de informação da fibra.

c) A dispersão resulta em interferência intersimbólica (ISI) e, por conseguinte, em penalização da potência.

d) A dispersão induz uma interação coerente entre canais em sistemas de transmissão multiplexados.

e) A dispersão provoca o espalhamento e a distorção dos impulsos e pode, assim, conduzir a penalizações do sistema.

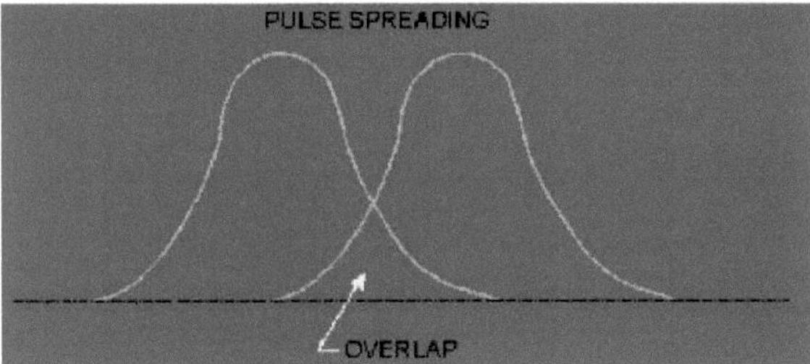

Fig. 4.5: Sobreposição de impulsos.

4.5.1Dispersão de materiais

Cada fonte ótica tem uma gama de comprimentos de onda ópticos e o índice de refração muda com o comprimento de onda para o material de sílica. Uma vez que um impulso de luz do laser contém normalmente vários comprimentos de onda, e estes comprimentos de onda têm índices de refração diferentes, esperamos velocidades diferentes para o seu componente que se espalhará no tempo depois de percorrer uma certa distância na fibra.

A relação entre a velocidade e a sua dependência do índice de refração é dada pela equação 1.

$$v=c/n \qquad (1)$$

Assim, múltiplos comprimentos de onda significam múltiplos índices de refração não lineares, o que significa diferentes velocidades para este componente do impulso, o que provoca a propagação do impulso.

$$\Delta\lambda \longrightarrow \Delta n \longrightarrow \Delta v \qquad (2)$$

O índice de refração da fibra diminui à medida que o comprimento de onda aumenta, pelo que os comprimentos de onda mais longos viajam mais depressa. O resultado líquido é que o impulso recebido é mais largo do que o transmitido ou, mais precisamente, é uma sobreposição dos vários impulsos atrasados nos diferentes comprimentos de onda.

A dispersão do material é dada pela seguinte equação

$$D = \frac{\partial \tau_g}{\partial \lambda} = -\frac{\lambda}{c}\frac{\partial^2 n}{\partial \lambda^2} \qquad (3)$$

*A dispersão do material é cotada em ps/ (nm*km). Isto significa que a dispersão total de uma* *ligação de fibra depende da distância (km), bem como da largura de banda do laser (nm) do laser transmissor.*

4.5.2Dispersão de guia de ondas

Mesmo que não houvesse dispersão de material, continuaria a haver algum espalhamento de impulsos devido à "dispersão do guia de ondas", que ocorre porque β para um determinado modo varia com o comprimento de onda. O índice de refração efetivo da fibra situa-se entre os índices de refração do núcleo e da camada de revestimento. O índice de refração efetivo varia com o comprimento de onda.

Em comprimentos de onda curtos, os efeitos da difração são pequenos e a luz na fibra fica bem confinada no núcleo da fibra. O índice de refração efetivo é muito próximo do índice de refração do núcleo. Já nos comprimentos de onda médios, à medida que o comprimento de onda aumenta, os efeitos da difração tornam-se mais importantes e a luz espalha-se ligeiramente para o revestimento da fibra. O índice de refração efetivo diminui em direção ao índice de refração do revestimento. Mas em comprimentos de onda longos, os efeitos da difração dominam e a luz na fibra espalha-se bem no revestimento da fibra. O índice de refração efetivo é muito próximo do índice de refração do revestimento. A dispersão da guia de onda pode ser calculada pela seguinte equação expressa em ps/nm-km

$$D_{Waveguide} = \frac{\Delta\tau_{wg}}{L\Delta\lambda} = -\left(\frac{n_2 L}{c}\right)\frac{1}{\lambda}\left[V\frac{d^2(Vb)}{dV^2}\right] \tag{4}$$

A dispersão da guia de ondas depende de muitos parâmetros: tais como

1. Δn, diferença de índice de refração entre o núcleo e a camada de revestimento.

2. Diâmetro do núcleo, à medida que o diâmetro do núcleo diminui, ocorre uma maior dispersão.

3. Espectro da linha fonte, à medida que aumenta a dispersão do guia de ondas aumenta.

4. Distância da fibra, à medida que a distância aumenta, a dispersão do guia de ondas aumenta.

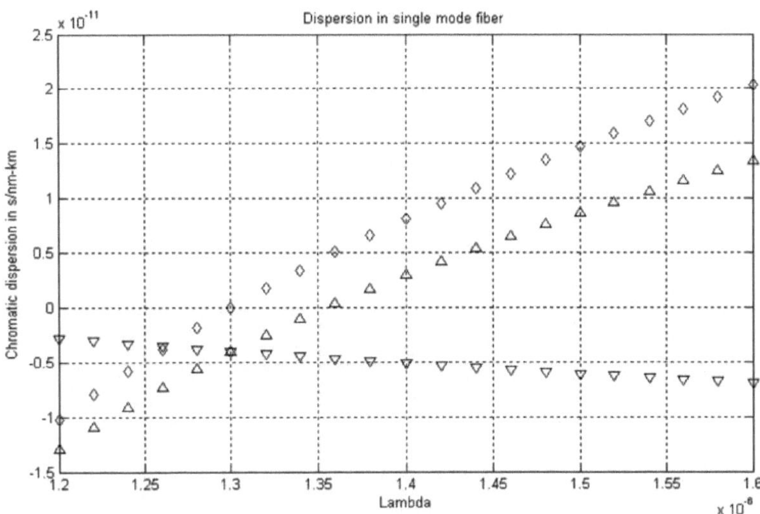

Fig. 4.6: Resultado da simulação mostrando o material, o guia de ondas e a dispersão cromática

Para minimizar a dispersão total de uma fibra monomodo, é necessário operar a um comprimento de onda superior a 1,27μm para permitir que a pequena dispersão positiva do material cancele a pequena dispersão negativa do guia de ondas, fazendo com que a dispersão líquida seja zero, como mostra a figura 4.6.

4.6 Dispersão cromática em fibras de cristal fotónico

A dispersão da velocidade de grupo (GVD) [9], caraterística da fibra de cristal fotónico, difere marcadamente da que é possível obter utilizando tecnologias de fibra convencionais. A GVD indica como a velocidade de grupo numa fibra varia com o comprimento de onda e, por isso, é uma medida da rapidez com que os impulsos curtos se espalham no tempo à medida que se propagam.

Nas fibras monomodo típicas (SMF), o GVD é dominado pela dispersão da sílica a granel (ver Fig. 4.6), que é normal, ou seja, negativa para comprimentos de onda inferiores a cerca de 1,3 μm, e anómala para comprimentos de onda superiores. Outros tipos de fibras convencionais, como a fibra com desvio de dispersão ou a fibra com desvio de dispersão não nulo, têm dispersão nula em comprimentos de onda ligeiramente diferentes, normalmente entre 1,3 μm e 1,55 μm. Em comprimentos de onda mais curtos, em torno de 800 nm, por exemplo, essas fibras terão uma dispersão fortemente normal, da ordem de -100 ps/nm/km. Para uma boa aproximação, o GVD do modo fundamental de uma fibra de cristal fotónico pode ser modelado como o de um fio fino de sílica rodeado de ar. A dispersão muito forte do guia de ondas da estrutura domina a dispersão do material numa vasta gama de comprimentos de onda, permitindo uma variedade de curvas de dispersão invulgares e interessantes. É possível obter estruturas com dispersão anómala em praticamente todo o espetro visível. Através da engenharia cuidadosa da dimensão dos orifícios de ar e do espaçamento entre orifícios no interior da fibra, foram previstas características de dispersão ainda mais surpreendentes. De especial interesse são as fibras que apresentam uma dispersão anómala na banda dos 800 nm. Esta caraterística tem um impacto substancial nos processos ópticos não lineares observados quando as fibras são excitadas utilizando impulsos ópticos ultra-curtos nestes comprimentos de onda. Uma razão para isso é que a GVD anómala permite a formação de solitões, devido à interação entre a dispersão e o índice de refração não linear da sílica. Outra razão é que um GVD próximo de zero tem o efeito de permitir a correspondência de fase para certos processos ópticos não lineares, de modo que estes se tornam muito mais eficientes [10]. A combinação de uma elevada não linearidade e de uma dispersão da velocidade de grupo nula ou positiva no comprimento de onda da bomba dá origem a uma série de efeitos ópticos invulgares, como a geração de um supercontínuo ultra-longo, com uma amplitude superior a uma oitava de frequência, quando a fibra é bombeada com um laser bloqueado por um modo.

4.6.1 Projeto de dispersão cromática em PCF

As PCFs triangulares podem ser bem parametrizadas em termos do parâmetro V e são dadas por

$$V = \frac{2\pi a_{eff}}{\lambda}\sqrt{n^2_{co} - n^2_{FSM}} = \frac{2\pi a_{eff}}{\lambda}\sqrt{U^2 + W^2} \tag{7}$$

Where $$U = \frac{2\pi a_{eff}}{\lambda}\sqrt{n^2_{co} - n^2_{eff}} \tag{8}$$

And $$W = \frac{2\pi a_{eff}}{\lambda}\sqrt{n^2_{eff} - n^2_{FSM}} \tag{9}$$

em que λ é o comprimento de onda operacional, n_{co} é o índice do núcleo, n_{FSM} é o índice do revestimento, definido como o índice efetivo do chamado modo fundamental de preenchimento do espaço na rede triangular de orifícios de ar, n_{eff} é o índice efetivo do modo guiado fundamental e a_e ff é o raio efetivo do núcleo que aqui se assume ser $\Lambda/\sqrt{3}$. Os parâmetros U e W são chamados, respetivamente, de constantes de fase transversal normalizada e de atenuação.

Por tentativa e erro, verificamos que cada conjunto de dados pode ser ajustado a uma função da forma dos valores de V calculados através do MEF vetorial em função de □ λ/Λ □ para D/Λ□ de 0,80, como mostra a figura 4.7.

$$V\left(\frac{\lambda}{\Lambda},\frac{d}{\Lambda}\right)=A_1+\frac{A_2}{A_3\exp(A_4\frac{\lambda}{\Lambda})+1} \quad (10)$$

Na equação acima, os parâmetros de ajuste A_i (i=1 a 4) dependem de d ZΛ. Os dados são bem descritos pela expressão seguinte e os coeficientes a_{i0} a a_{i3} e b_{i0} a b_{i3} são apresentados na tabela 3.

$$A_i=a_{i0}+a_{i1}\left(\frac{d}{\Lambda}\right)^{b_{i1}}+a_{i2}\left(\frac{d}{\Lambda}\right)^{b_{i2}}+a_{i3}\left(\frac{d}{\Lambda}\right)^{b_{i3}} \quad (11)$$

Usando o parâmetro *V efetivo* na Eq. (10), o índice de revestimento efetivo n_{FSM} pode ser obtido sem a necessidade de cálculos numéricos usando a equação 7. A Figura 4.8 mostra *o* n_{FSM} *em* função de □ λ/Λ □ □ para d/Λ, de 0,8 com $aeff = \Lambda/\sqrt{3}$.

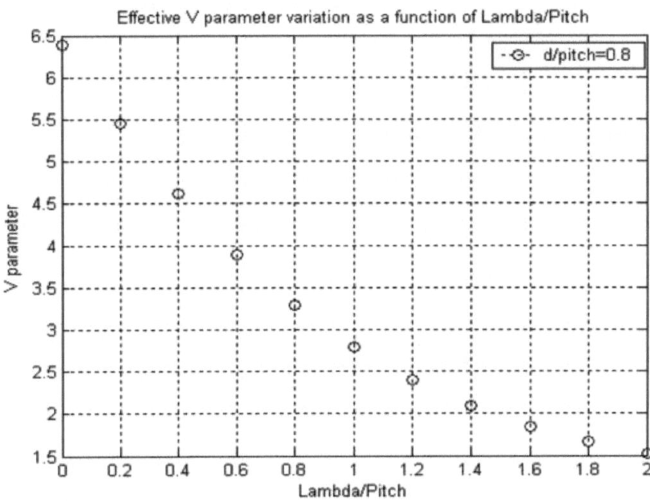

Fig. 4.7: Parâmetro V efetivo em função de lambda/pitch para d/pitch de 0,8

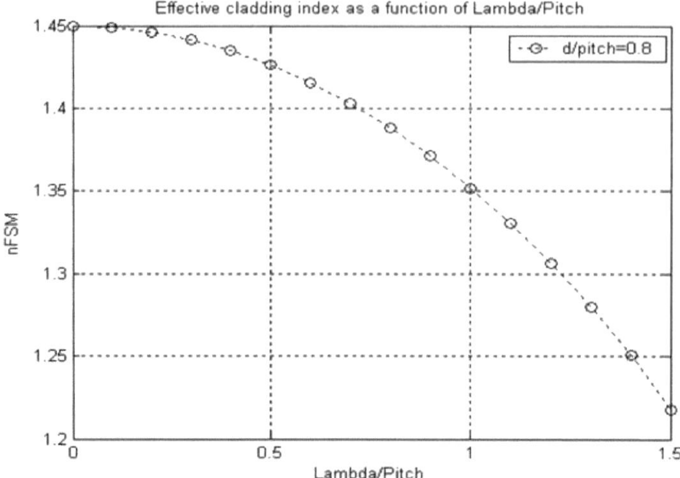

Fig. 4.8: Índice de revestimento efetivo em função de lambda/pitch para d/pitch de 0,8

Utilizando a relação para o parâmetro V e a n_{FSM} dos PCFs, podemos obter os valores de n_{eff}. No entanto, normalmente é necessário efetuar cálculos numéricos pesados. Seria mais conveniente ter uma relação empírica para o parâmetro W das PCFs [11]. Para obter n_{eff}, precisamos das relações empíricas para os parâmetros V e W. Mais uma vez, por tentativa e erro, verificamos que cada conjunto de dados pode ser ajustado a uma função da forma dos valores de W calculados através do MEF vetorial [12] em função de λ/Λ para d/Λ de 0,80, como mostra a figura 4.9.

$$W\left(\frac{\lambda}{\Lambda},\frac{d}{\Lambda}\right)=B_1+\frac{B_2}{B_3\exp(B_4\frac{\lambda}{\Lambda})+1} \tag{12}$$

Na equação acima, os parâmetros de ajuste B_i (i=1 a 4) dependem de d/Λ. Os dados são bem descritos pela expressão seguinte e os coeficientes c_{i0} a c_{i3} e d_{i0} a d_{i3} são apresentados no quadro 3.

$$B_i=c_{i0}+c_{i1}\left(\frac{d}{\Lambda}\right)^{d_{i1}}+c_{i2}\left(\frac{d}{\Lambda}\right)^{c_{i2}}+c_{i3}\left(\frac{d}{\Lambda}\right)^{d_{i3}} \tag{13}$$

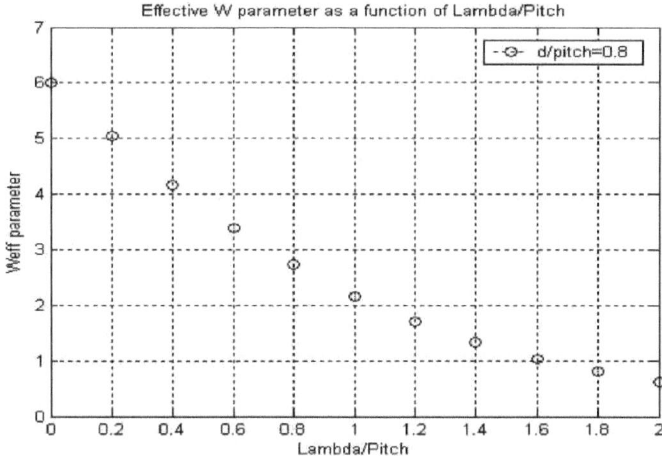

Fig.4.9: Parâmetro W efetivo em função de lambda/pitch para d/pitch de 0,8

Usando o parâmetro *V* na Eq. (10) e o parâmetro *W* na Eq. (12), o índice efetivo do modo fundamental *neff* pode ser obtido sem a necessidade de cálculos numéricos. A Figura 4.10 mostra n_e f em função de λ/∧ para ***d*/∧** de 0,8.

Uma vez obtido o índice de refração efetivo, podemos então calcular a dispersão cromática nas PCFs. A fim de utilizar dados universais para o índice efetivo do modo fundamental *neff*, assumimos que a contribuição da guia de ondas para o parâmetro de dispersão *D* é independente da dispersão do material *Dm*, nomeadamente

Tabela 4.1: Coeficiente de ajuste da equação 11

	i=1	i=2	i=3	i=4
a_{i0}	0.54808	0.71047	0.16904	-1.52736
a_{i1}	5.00401	9.73491	1.185765	1.06745
a_{i2}	-10.43248	47.41496	18.96849	1.93229
a_{i3}	8.22992	-437.50962	-42.7318	3.89
b_{i1}	5	1.8	1.7	-0.84
b_{i2}	7	7.32	10	1.02
b_{i3}	9	22.8	14	13.4

Tabela 4.2: Coeficiente de ajuste da equação 13

	i=1	i=2	i=3	i=4
c_{i0}	-0.0973	0.53193	0.24876	5.29801
c_{i1}	-16.70566	6.70858	2.72423	0.05142
c_{i2}	67.13845	52.04855	13.28649	-5.18302
c_{i3}	-50.25518	-540.66947	-36.80372	2.7641
d_{i1}	7	1.49	3.85	-2
d_{i2}	9	6.58	10	0.41
d_{i3}	10	24.8	15	6

$$D = -\frac{\lambda}{c}\frac{d^2 n_{eff}}{d\lambda^2} + D_m \qquad (14)$$

em que *c* é a velocidade da luz no vácuo e *Dm* é dado pela relação de Sellmeier.

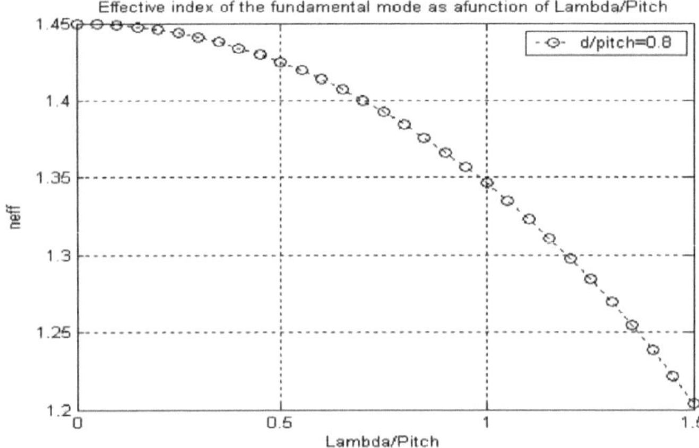

Fig. 4.10: Índice efetivo do modo fundamental em função de lambda/pitch para d/pitch de 0,8

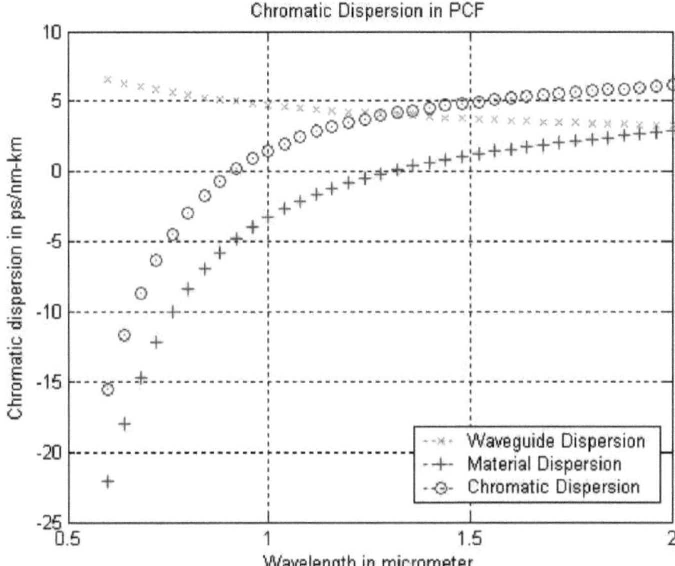

Fig. 4.11: Dispersão cromática em PCF

Como se mostra na figura 4.11, a dispersão do material tem um comprimento de onda de dispersão zero a 1,3 μm. Devido à forte dispersão do guia de ondas, o comprimento de onda de dispersão zero é deslocado para 850 nm, ou seja, abaixo de 1,3 μm, o que não é possível no caso da fibra monomodo convencional. Para o resultado da simulação acima mostrado da dispersão cromática λ / ʌ de 0,8 é usado. Ao variar os valores de λ/ʌ, podemos obter várias curvas de dispersão interessantes.

4.6.2Resultados da simulação

Para λ/ʌ variando de 0,2 a 0,8 em passos de 0,1, obteremos diferentes valores do índice de refração efetivo como se mostra nas figuras seguintes. Como o índice de refração está a variar para os diferentes valores de λ/ʌ, obteremos curvas de dispersão muito interessantes e invulgares, como mostram as figuras seguintes, ou seja, as figuras 4.12 a 4.17.

Para estes valores do índice de refração efetivo para diferentes valores de λ/ʌ, obteremos diferentes comprimentos de onda de dispersão zero que variam entre 1700 nm e 850 nm.

Como mostrado nas figuras abaixo (4.12 a 4.17), os comprimentos de onda de dispersão zero podem ser deslocados para 1700 nm (λ/ʌ de 0.2), 1450 nm (λ/ʌ =0,3), 1250 nm (λ/ʌ = 0,4), 1100 nm (λ/ʌ =0,5), 1000 nm (λ/ʌ =0,6) e 900 nm (λ/ʌ =0,7).

Assim, dependendo do tipo de aplicação, podemos selecionar um comprimento de onda de dispersão zero adequado que varia entre 900 nm e 1700 nm. Isto não é possível no caso da fibra ótica convencional.

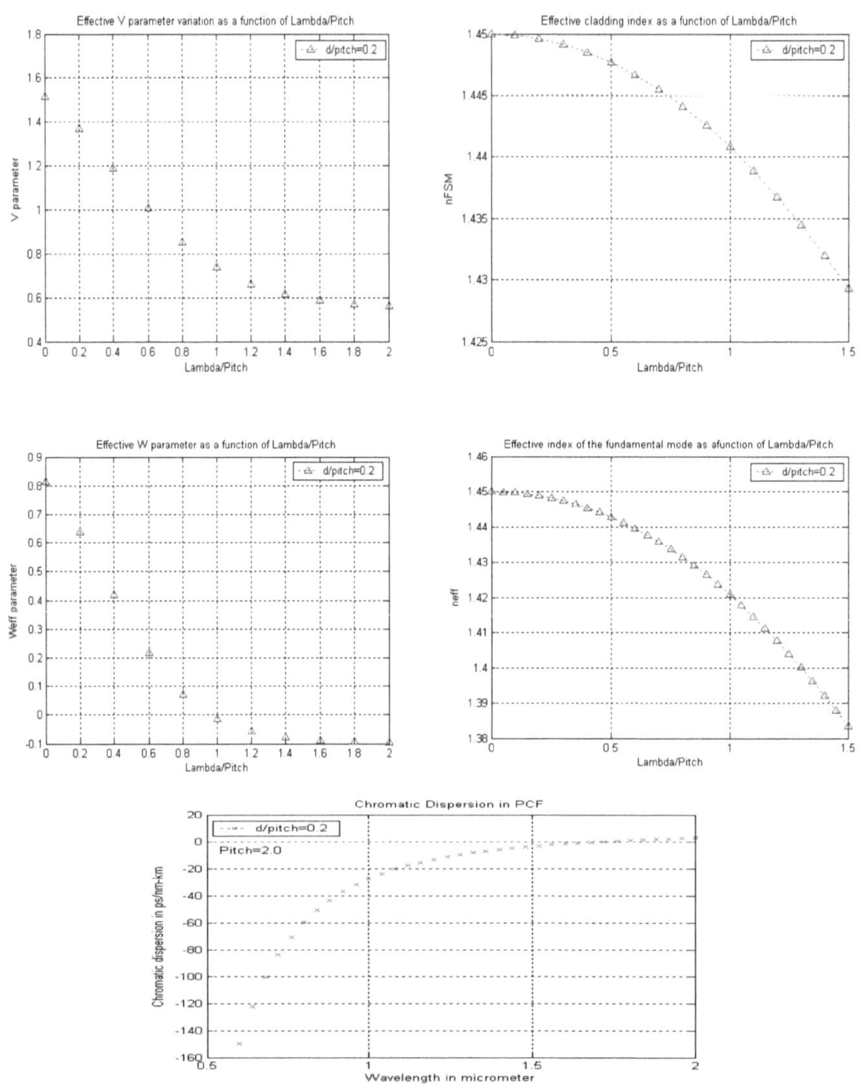

Fig. 4.12: Dispersão cromática em PCF para d/pitch de 0,2

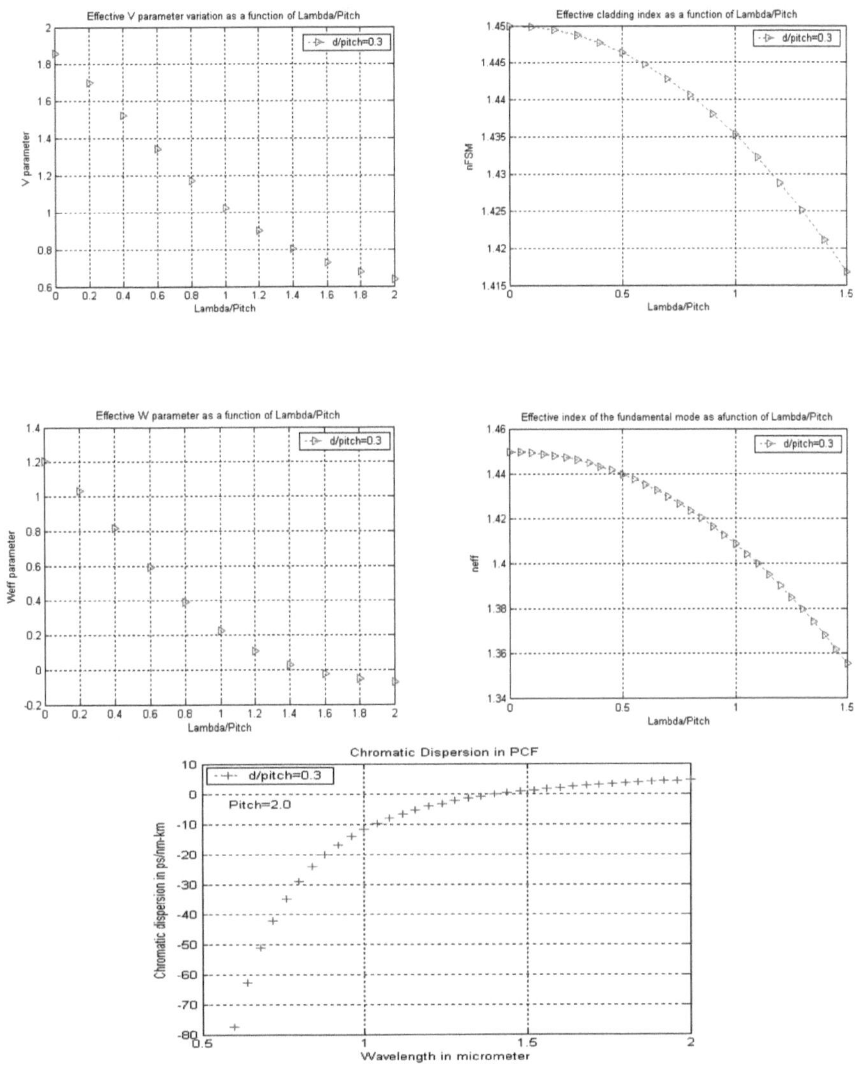

Fig. 4.13: Dispersão cromática em PCF para d/pitch de 0,3

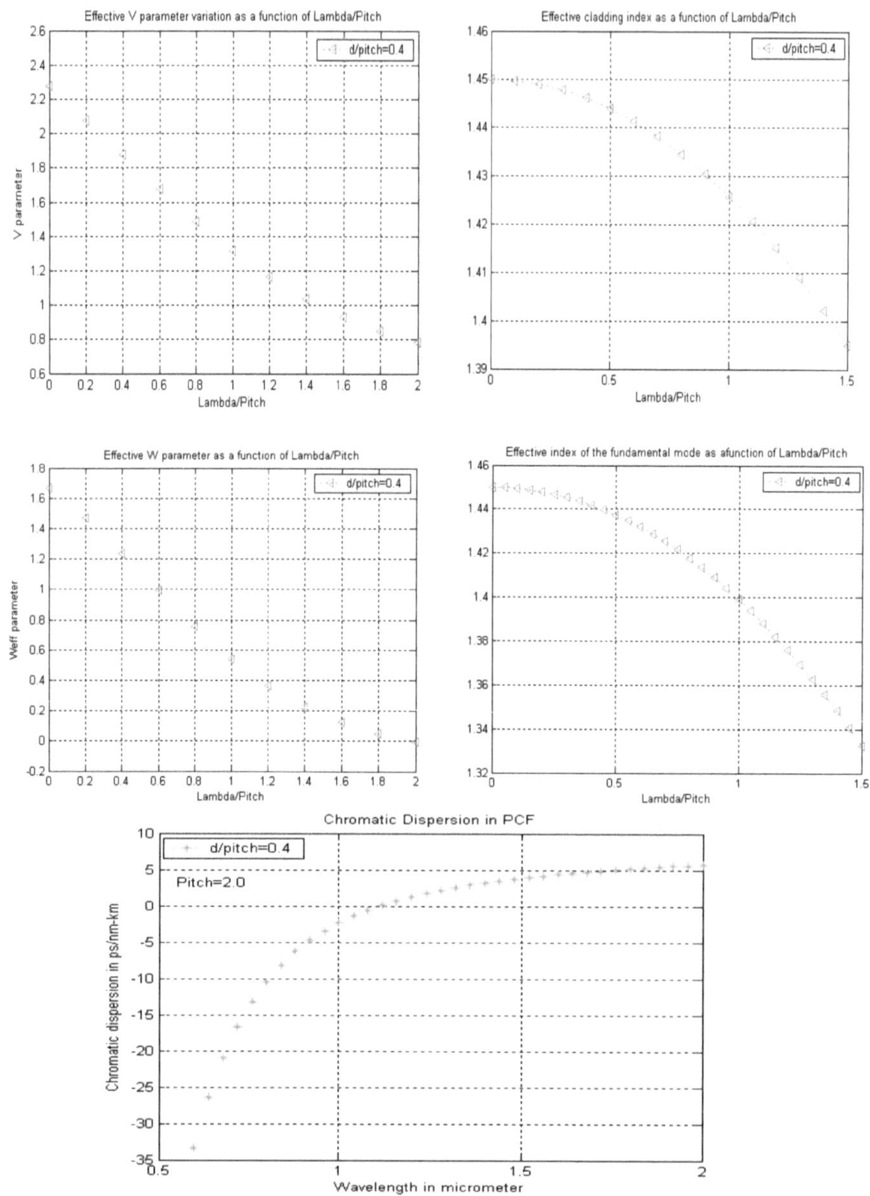

Fig. 4.14: Dispersão cromática em PCF para d/pitch de 0,4

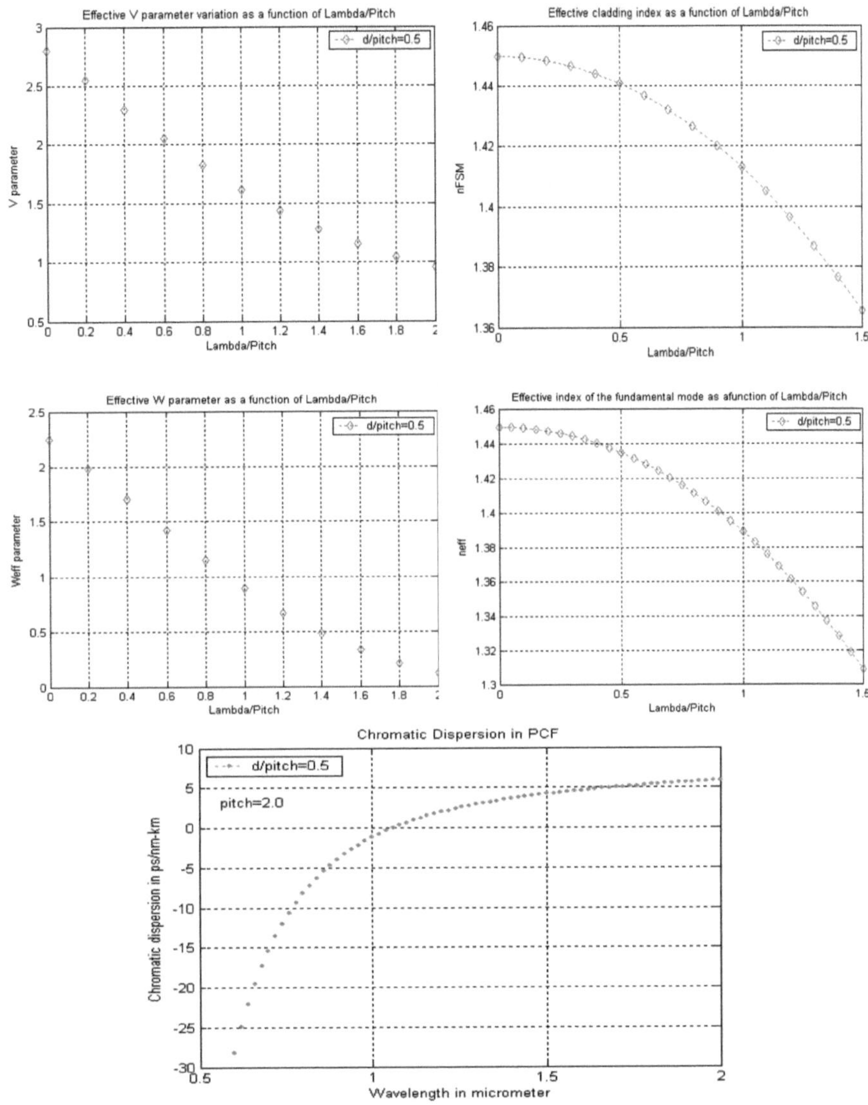

Fig. 4.15: Dispersão cromática em PCF para d/pitch de 0,5

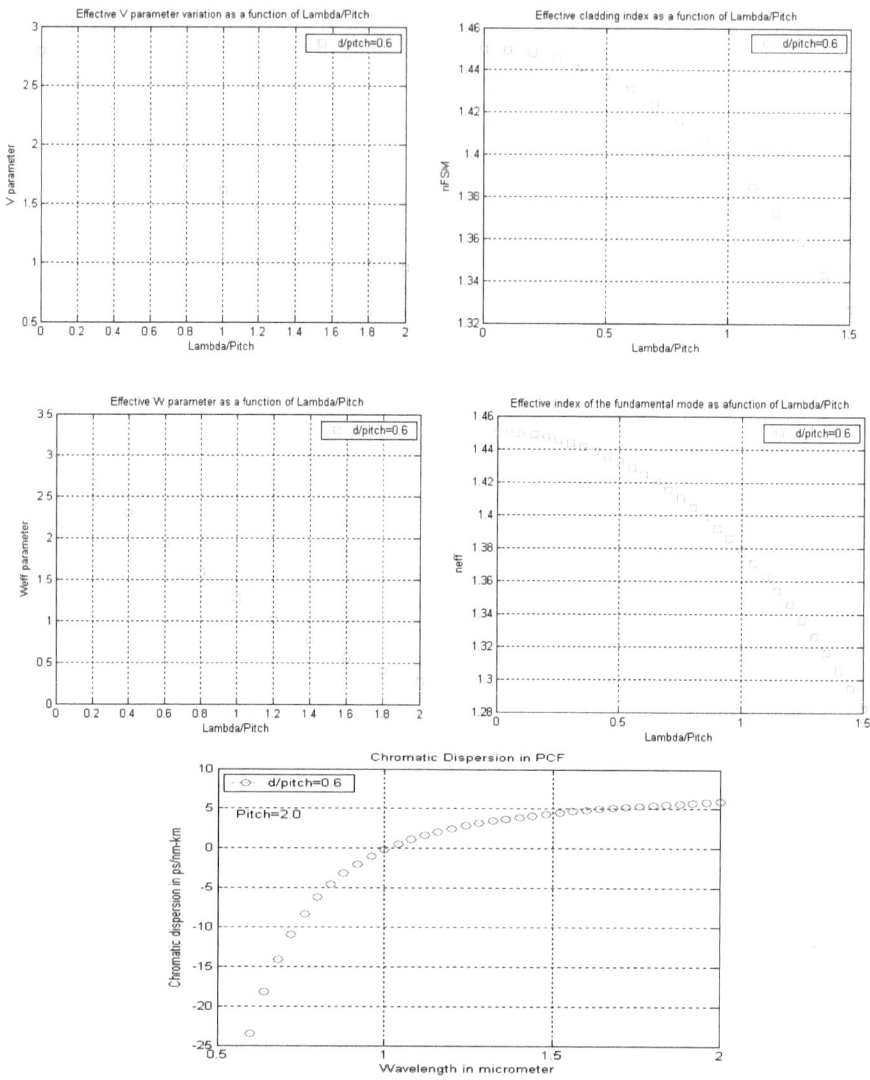

Fig. 4.16: Dispersão cromática em PCF para d/pitch de 0,6

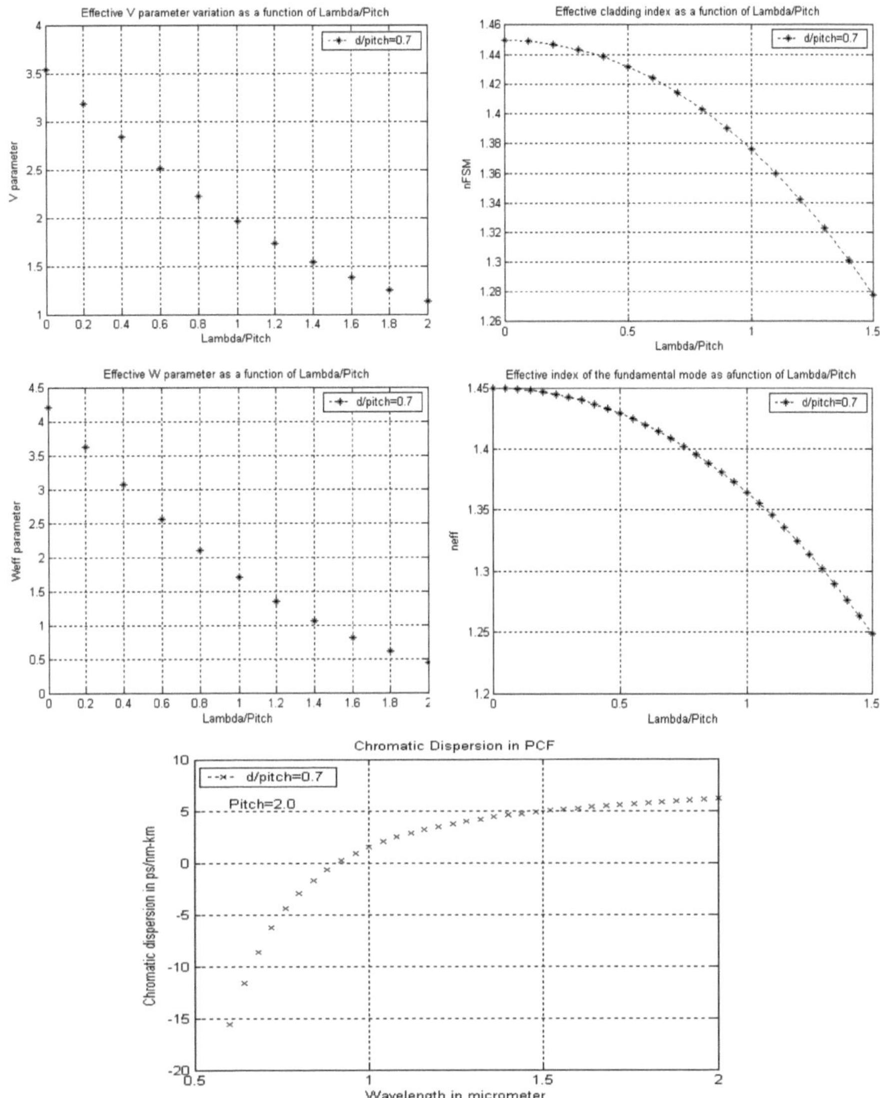

Fig. 4.17: Dispersão cromática em PCF para d/pitch 0,7

4.6.3Conceção de PCF com dispersão achatada

Foram propostos vários modelos de PCF para obter as propriedades de dispersão cromática achatada. A conceção convencional consiste em dispor os orifícios de ar numa estrutura triangular regular com todos os orifícios de ar com o mesmo diâmetro. Uma vez que o valor de d/n é pequeno para realizar a dispersão achatada, são necessários mais de 20 anéis de orifícios de ar na região de revestimento para reduzir significativamente a perda de confinamento. Recentemente, foi proposta uma nova conceção com quatro ou cinco anéis de diferentes diâmetros de orifícios de ar para cada anel, a fim de obter uma dispersão achatada. Esta conceção reduz significativamente o número de anéis de orifícios de ar, mas o procedimento de conceção torna-se complicado porque são necessários vários parâmetros geométricos, cinco (quatro diâmetros de orifícios de ar e um passo) para o caso de quatro anéis e seis (cinco diâmetros de orifícios de ar e um passo) para o caso de cinco anéis, para otimizar simultaneamente o comportamento de dispersão da PCF. O esforço de computação para conceber a PCF achatada aumenta significativamente à medida que os parâmetros optimizados aumentam.

Aplicando a abordagem de cálculo de dispersão eficiente proposta neste documento, é proposta uma nova PCF de quatro anéis, concebendo apenas três parâmetros geométricos para obter uma propriedade achatada. A Fig. 4.18 mostra a PCF de quatro anéis proposta com um diâmetro de orifício de ar mais pequeno para os dois anéis interiores, um diâmetro maior para os dois anéis exteriores e o passo do orifício de ar. O achatamento e a dispersão quase nula podem ser obtidos através do desenho adequado destes três parâmetros d1, d2 e passo.

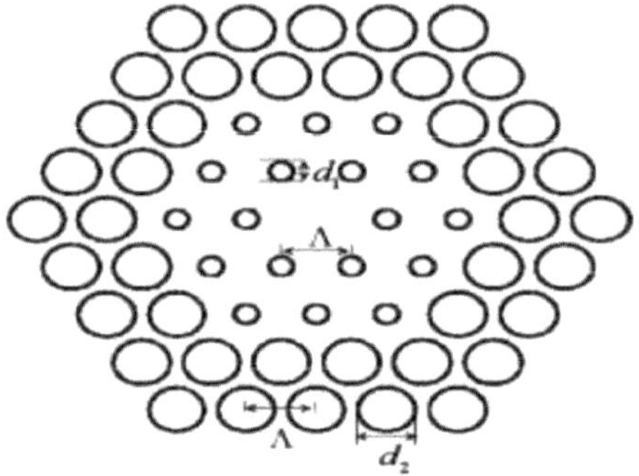

Fig. 4.18: PCF de quatro anéis com dois diâmetros de orifício diferentes, d1 e d2.

Um procedimento de conceção simples para obter uma PCF de dispersão achatada pode ser resumido nos seguintes passos. Primeiro, o diâmetro normalizado do orifício de ar do anel externo (d2/pitch) é escolhido na faixa de 0,85 a 0,95. A grande dimensão normalizada do orifício de ar é selecionada para um melhor confinamento do campo para o modo guiado. Em segundo lugar, um diâmetro normalizado adequado do orifício de ar dos anéis internos (d1/pitch) é encontrado calculando as dispersões em função do comprimento de onda para vários parâmetros diferentes. Em geral, este parâmetro influenciará o comportamento do declive das curvas de dispersão cromática. Na terceira etapa, o parâmetro final, um passo do orifício de ar de, é variado para encontrar a dispersão cromática achatada pretendida na gama de comprimentos de onda de banda larga. É óbvio que o passo do orifício de ar influencia predominantemente o nível de dispersão, mas tem pouco efeito no declive da dispersão. Através de várias iterações entre a etapa 2 e a etapa 3, com um ajuste fino e, pode ser projectada uma PCF achatada. Como mostra a figura 4.19, a dispersão cromática na fibra de cristal fotónico pode ser achatada na ordem dos +/- 5 ps/km-nm numa gama de comprimentos de onda de 900 nm a 1800 nm.

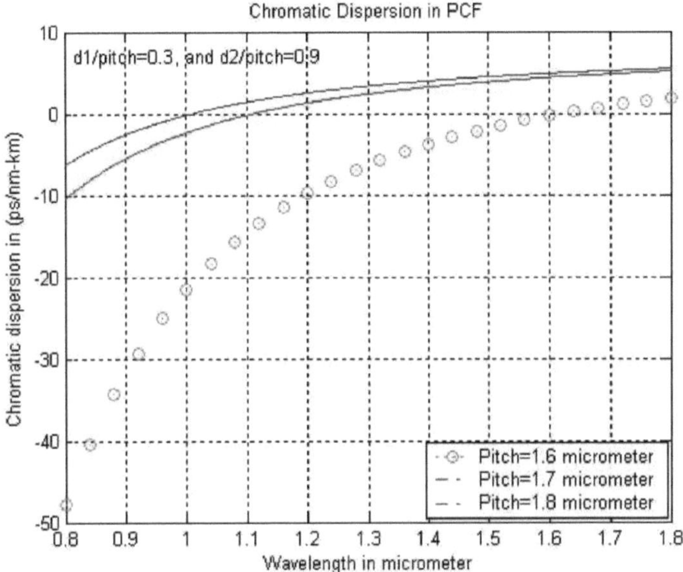

Fig. 4.19: Dispersão achatada da ordem de +/- 5 ps/km-nm em PCF

4.7 Utilização de PCF para comunicações ópticas

A fibra ótica é o componente de base dos sistemas de comunicação ótica de longa distância e de alta taxa de bits e dos sistemas de rede. A escolha da fibra depende do local e da forma como é aplicada e do que um tipo de fibra pode oferecer em relação a outro.

As fibras ópticas encontram aplicações importantes numa variedade de sensores, sistemas de comunicações e redes de telecomunicações. Em particular, as fibras que mantêm a polarização (PM) são desejáveis para utilização em sistemas de deteção de fibras ópticas e de comunicações ópticas coerentes a longa distância.

As fibras ópticas estão a ter uma procura cada vez maior em áreas tradicionalmente satisfeitas por tecnologias mais antigas e estabelecidas. O interesse na utilização dos efeitos de polarização nas fibras continua a crescer. Nas fibras monomodo comuns, amplamente utilizadas nos actuais sistemas de comunicação ótica, os estados de polarização dos feixes de luz de entrada e de saída não coincidem, uma vez que a polarização do feixe de luz de saída é instável. Em contrapartida, as fibras PM mantêm o estado de polarização de um feixe de luz que as atravessa.

As fibras PM são indispensáveis para obter uma saída estável em sensores ópticos de fibra interferométrica. Nos dispositivos de comunicação ótica, a utilização de fibras PM torna-se obrigatória quando se efectuam operações de ondas polarizadas, por exemplo, para combinação de polarização. Existem muitas aplicações em que é necessário que a polarização da luz seja estável e bem definida, tais como o acoplamento a circuitos ópticos integrados, sensores interferométricos, sistemas de comunicação ótica coerente e determinados componentes de fibra ótica em linha.

Atualmente, uma das questões mais preocupantes é o tipo de fibra a utilizar em todas as redes ópticas e as vantagens que podem oferecer no que diz respeito à dispersão do modo de polarização, à dispersão cromática e às não linearidades da fibra ótica. O projeto de uma fibra ótica monomodo deve ter em conta as seguintes condições:

1- Pequena perda de transmissão

2- Grande birrefringência modal para fibras de elevada birrefringência

3- Ampla largura de banda de polarização simples e/ou monomodo

4- Dispersão total nula ou reduzida com uma grande área efectiva.

Mas a fibra monomodo convencional tem as seguintes desvantagens

1. Torna-se fibra multimodo para os comprimentos de onda mais curtos.

2. Os comprimentos de onda de dispersão zero não podem ser deslocados para menos de 1300 nm, uma vez que a dispersão do material é dominante.

Mas, utilizando a fibra de cristal fotónico, podemos conceber uma fibra que funcione em regime de modo único para qualquer comprimento de onda de interesse. Além disso, como o índice de refração do revestimento depende do comprimento de onda de funcionamento, a dispersão do guia de ondas é dominante, pelo que o comprimento de onda de dispersão zero pode ser deslocado para menos de 1300 nm.

Referências:

[1] . Newport, "Photonic crystal fiber", www.newport.com.

[2] . T.P>White et al, "Confinement losses in microstructured optical fiber", optics lett., Vol. 26, Nov., 2001.

[3] . Djafar. K. Mynbaer et al , "Fiber-optic Communication Technology", edição Pearson.

[4] . T.A. Birks, J.C. Knight, P.St.J. Russell, *Opt. Lett.* 22, 961 (1997).

[5] J.C. Knight, T.A. Birks, P.St.J. Russel, J.P. de Sandro, *JOSA A* 15, 748 (1998).

[6] . M. Koshiba e K. Saitoh, "Applicability of classical optical fiber theories to holey fibers", Opt. Lett. **29**, 1739-1741 (2004).

[7] . N.A. Mortensen, J.R. Folkenberg, M.D. Nielsen, e K.P. Hansen, "Modal cutoff and the V parameter in photonic crystal fibers", Opt. Lett. **28**, 1879-1881 (2003).

[8] . M. Koshiba, "Full-vetor analysis of photonic crystal fibers using the finite element method", IEICE Trans. Electron. **E85-C**, 881-888 (2002).

[9] . D. Mogilevtsev et al, "Group-velocity dispersion in photonic crystal fibers", Optics lett., Vol.26, Nov.1998.

[10] . J. Knight et al., "Photonic crystal fibers. New solutions in fiber optics", Optics and Photonics news, março de 2002.

[11] . M.D. Nielsen e N.A. Mortensen, "Photonic crystal fiber design based on the V- parameter", Opt. Express **11**, 2762-2768 (2003).

[12] . K. Saitoh e M. Koshiba, "Full-vetorial imaginary-distance beam propagation method based on finite element scheme: Application to photonic crystal fibers", IEEE J. Quantum Electron. **38**, pp. 927-933, 2002.

Capítulo 5

Conclusões e âmbito futuro do trabalho

5.1 . Conclusões

As PCF estão a suscitar interesse não só no domínio das telecomunicações, mas também em diferentes domínios, como a espetroscopia, a metrologia, a biomedicina, a imagiologia, a maquinagem industrial e o militar. A conceção das PCF pode ser efectuada através de vários métodos, que exigem cálculos numéricos pesados e processos complicados.

Modelámos uma fibra de cristal fotónico utilizando um método muito simples que não requer cálculos numéricos pesados. Utilizando a relação empírica dos parâmetros V e W, calculámos o índice de refração efetivo n_{eff}. Com a ajuda do índice de refração efetivo calculado, calcula-se a dispersão da PCF.

Além disso, como a dispersão da PCF depende inteiramente de dois parâmetros, ou seja, o diâmetro dos furos e o espaçamento entre furos, concebemos uma fibra com uma dispersão achatada numa vasta gama de comprimentos de onda para a comunicação ótica. Além disso, também projectámos uma PCF para funcionar em regime monomodo para todos os comprimentos de onda de interesse com um grande diâmetro de campo de modo.

Utilizando diâmetros de orifício diferentes para os anéis interior e exterior (d1 e d2), concebemos a PCF para uma dispersão plana numa vasta gama de comprimentos de onda.

Uma vez concebida a PCF que funcionará em regime monomodo, independentemente do comprimento de onda, e com uma dispersão achatada numa vasta gama de comprimentos de onda, podemos utilizá-la eficazmente para a multiplexagem por divisão do comprimento de onda (WDM). Assim, podemos bombear mais potência para a fibra sem entrar no domínio não linear. Além disso, o número de repetidores necessários será minimizado devido ao grande diâmetro do campo de modo possível na PCF. Isto resulta numa boa relação custo-eficácia da rede ótica.

5.2 Âmbito futuro do trabalho

> A fibra de cristais fotónicos tem muitas aplicações que devem ser investigadas, como dispositivos ópticos (por exemplo, comutação), geração de supercontinuidade, fibras de revestimento duplo e fibras altamente não lineares.

> Podemos conceber uma PCF com diferentes diâmetros de orifício e diferentes formas de orifício para obter características muito interessantes.

> O fabrico da PCF é uma tarefa muito difícil e é necessário muito trabalho para minimizar as dificuldades associadas.

> A modelação da PCF é também uma tarefa complicada.

> Muitas das possíveis aplicações práticas da PCF são conhecidas, mas ao mesmo tempo o seu desempenho não é conhecido devido à indisponibilidade da PCF, como nas redes ópticas. Com efeito, atualmente não é possível fabricar uma PCF de longo curso.

Publicações:

> **SanjayKumar C Gowre,** e J C Biswas, "Guiding the light with the Holey Fiber", Conferência internacional sobre **EPMDS-06**, 4-6 de janeiro de 2006, pp. H13-15, 2006.

> **SanjayKumar C Gowre**, P K Sahu, and J C Biswas, "Design and Analysis of V- parameter in a Holey fiber", INSIGHT-2005, Oct.-22, 2005, pp42-44 Conf. Proc. INSIGHT-2005(Organizador: - **NITC**, IEEE STUDENTS BRANCH).

Publicações em revistas:

> **SanjayKumar C Gowre**, P K Sahu, e J C Biswas "**Design and Simulation of Fiber with Zero Dispersion Wavelength at 900 nm and 1550 nm using Microstructured Optical Fiber**" comunicado para publicação na revista **OFT.**

Printed by Books on Demand GmbH, Norderstedt / Germany